Huda Rasheed
Rekha Ogale

Eficácia do programa de ensino de cuidadores domiciliares

AF294500

Huda Rasheed
Rekha Ogale

Eficácia do programa de ensino de cuidadores domiciliares

na prevenção de úlcera de decúbito em pacientes idosos acamados

ScienciaScripts

Imprint
Any brand names and product names mentioned in this book are subject to trademark, brand or patent protection and are trademarks or registered trademarks of their respective holders. The use of brand names, product names, common names, trade names, product descriptions etc. even without a particular marking in this work is in no way to be construed to mean that such names may be regarded as unrestricted in respect of trademark and brand protection legislation and could thus be used by anyone.

Cover image: www.ingimage.com

This book is a translation from the original published under ISBN 978-620-5-52555-5.

Publisher:
Sciencia Scripts
is a trademark of
Dodo Books Indian Ocean Ltd. and OmniScriptum S.R.L publishing group

120 High Road, East Finchley, London, N2 9ED, United Kingdom
Str. Armeneasca 28/1, office 1, Chisinau MD-2012, Republic of Moldova, Europe
Printed at: see last page
ISBN: 978-620-7-65489-5

Copyright © Huda Rasheed, Rekha Ogale
Copyright © 2024 Dodo Books Indian Ocean Ltd. and OmniScriptum S.R.L publishing group

Conteúdo

AGRADECIMENTOS

Em primeiro lugar, agradeço a Alá por todas as bênçãos que me concedeu ao longo da minha vida e que me deram a força necessária para realizar os meus estudos e este projeto de investigação.

Gostaria de expressar a minha sincera gratidão e apreço a todos os que me ajudaram na minha investigação. Em primeiro lugar, gostaria de agradecer à minha orientadora, **a Dra. Rekha Jaiprakash Ogale**, Professora, RAKCON, que me guiou em todas as fases da minha investigação com grande entusiasmo e rigor. Expresso-lhe a minha sincera gratidão por me ter encorajado e aconselhado constantemente, sem o que esta investigação não estaria concluída.

Gostaria também de agradecer à **Dra. Vijaya Kumardhas**, Reitora da RAKCON, por me ter dado a oportunidade de prosseguir o programa de mestrado e por me ter dado apoio, orientação e encorajamento ao longo do meu estudo.

Nesta altura, gostaria de estender os meus sinceros agradecimentos ao **Dr. Eman Ahmed Abdulaziz** por me ter ajudado na análise estatística. Estou também grato ao corpo docente da RAKCON pelo seu apoio e orientação, especialmente ao **Dr. Rabab G. Abd El-Kadar** por me ter ajudado na tradução dos instrumentos.

Os meus sinceros agradecimentos à **equipa de cuidados domiciliários da clínica Kuwaiti e Julphar** pelo seu apoio durante a fase de recolha de dados. Estou profundamente grata aos **prestadores de cuidados dos idosos acamados** que participaram no estudo, aos **doentes idosos e** aos **seus familiares**. Este estudo só foi possível graças à sua cooperação e confiança em mim.

Por último, mas não menos importante, gostaria de agradecer aos membros **da minha família**, especialmente à minha **mãe**, que esteve ao meu lado como uma palidez forte e me encorajou a concluir este estudo.

Resumo

Título do Resumo: Eficácia do programa de ensino de cuidadores domiciliários na prevenção da úlcera de decúbito em pacientes idosos acamados, Ras Al-Khaimah. **Contexto:** Os idosos são mais susceptíveis de contrair doenças devido a condições relacionadas com o seu estado de saúde, o avanço da idade e uma menor suscetibilidade. Ficam acamados devido a vários problemas de saúde e podem desenvolver complicações como úlceras de decúbito. **Objetivo:** O objetivo deste estudo foi identificar a eficácia do programa de ensino dos prestadores de cuidados domiciliários na prevenção das úlceras de decúbito. **Método:** o desenho do estudo foi quasi experimental pré-teste-pós-teste. A população do estudo foi constituída por prestadores de cuidados de 160 doentes do centro médico de Ras Al Khaimah (80 doentes) e do centro de saúde de Julphar (80 doentes). A amostra do estudo foi constituída por 50 prestadores de cuidados a doentes idosos (25 de cada centro) seleccionados por amostragem de conveniência. Os prestadores de cuidados receberam formação sobre os cuidados a prestar aos idosos acamados em casa. Os dados foram recolhidos através de um pré e pós-teste. **Resultados:** Os resultados do estudo mostraram que os prestadores de cuidados eram, na sua maioria, mulheres analfabetas, falantes de árabe, sem quaisquer problemas de saúde. A maioria dos doentes idosos recebia alimentação oral, tinha problemas de incontinência, hipertensão, diabetes, acidente vascular cerebral e problemas de sono. O pré-teste sobre os conhecimentos dos prestadores de cuidados domiciliários a idosos sobre a prevenção de úlceras de decúbito revelou que a maioria (74%) dos prestadores de cuidados domiciliários tinha conhecimentos fracos (45%) e muito fracos (29%), ao passo que os resultados do pós-teste indicam que todos os 100% dos prestadores de cuidados tinham conhecimentos excelentes (85%), muito bons (13%) e bons (2%). Os resultados indicaram que o programa de ensino dos prestadores de cuidados ao domicílio sobre a prevenção da úlcera de decúbito nos doentes idosos acamados foi altamente significativo (p=0,000).

Áreas de atuação: *programa de ensino para prestadores de cuidados domiciliários, prevenção de úlceras de decúbito, doentes idosos acamados*

CAPÍTULO 1

Introdução

1.1 Informações de base :

A saúde é o estado completo de bem-estar. A saúde e a felicidade são dois aspectos importantes que os seres humanos tentam alcançar ao longo da sua vida. As actividades de cuidados de saúde e os comportamentos orientados para a promoção da saúde e a proteção específica ajudam as pessoas a manter a sua saúde em todas as fases da sua vida. No entanto, em certas fases, as pessoas não são capazes de cuidar da sua saúde de forma autónoma. Especialmente no início e na fase final da vida. Na fase posterior, a capacidade de autocuidado dos indivíduos é afetada por várias razões. Esta fase é também designada por fase idosa do ciclo de vida. Nesta fase, os idosos são mais vulneráveis a problemas físicos, psicológicos, mentais, sociais e económicos. No que diz respeito à saúde, os idosos tornam-se mais propensos a contrair doenças devido a condições relacionadas com o seu estado de saúde, o avanço da idade e uma menor suscetibilidade. Nestas situações, se não recuperarem o seu estado de saúde, podem ser afectados por problemas crónicos. Os problemas crónicos e as suas complicações podem levar os idosos a ficarem acamados durante muito tempo. Ficam acamados devido a vários problemas de saúde, como a tensão arterial, as doenças cardíacas, as fracturas, a anemia, etc. Após a fase aguda da doença e do internamento hospitalar, os idosos são assistidos em casa por familiares e prestadores de cuidados. Os familiares e os prestadores de cuidados aos idosos podem não ter formação específica para responder às necessidades dos idosos acamados. Por este motivo, os idosos podem desenvolver várias complicações. A maior parte das complicações que os idosos acamados enfrentam nos cuidados domiciliários são as úlceras de pressão. (Kirkup, 2014).

Nos EAU, estima-se que o número de pessoas idosas seja superior a 1,04% da população total. (Índice CIA World, 2017). A maioria deles está acamada e sofre de problemas de saúde específicos relacionados com a idade, como Parkinson, demência, Alzheimer, paralisia, doenças cardíacas, juntamente com outros problemas de saúde e são tratados em casa. (Quando as pessoas envelhecem e ficam acamadas, a probabilidade de desenvolverem doenças relacionadas com a pele aumenta (Zamboni, Ferrini & Cesari, 2014). A integridade da pele é essencial em muitos aspectos para a manutenção do corpo, como a regulação da temperatura e a proteção dos tecidos mais profundos contra a radiação ultravioleta e os organismos patogénicos (Cowdell, et al, 2016). As mudanças estruturais e funcionais que ocorrem nos pacientes idosos dão origem a problemas de pele e complicações relacionadas, como escaras. (Kirkup, 2014). Observa-se que a maior parte das complicações que os pacientes enfrentam no programa de cuidados domiciliários são as úlceras de pressão, que são uma área de danos localizados na pele causados por pressão, cisalhamento, fricção e a combinação destes que causam problemas de pele e complicações (Geraghty, 2011). Existem múltiplos factores responsáveis pela saúde da pele, tais como doenças relacionadas com a idade noutros sistemas orgânicos, má nutrição, incapacidade de resolver problemas de pele, mobilidade reduzida, pouca destreza, demência, aumento da rigidez da atitude e declínio cognitivo, recusa em aceitar conselhos, aumento da fragilidade física, falta de higiene, negligência e incapacidade de realizar os autocuidados. ("Alzheimer Europe", 2018). As úlceras por pressão também podem ocorrer devido a dispositivos médicos utilizados para fins diagnósticos ou terapêuticos, como drenos, cateteres, cânulas e equipamento de imobilização. (Ronald, et al.2013). Na velhice, as taxas de renovação epidérmica diminuem 30 a 50%, levando a uma pele áspera com diminuição da barreira da função cutânea e degeneração da pele. Isto leva a uma cicatrização lenta das feridas epidérmicas e dérmicas e pode invadir o tecido subcutâneo e até o osso, o que torna o envelhecimento um fator de risco grave para o desenvolvimento de ulcerações por pressão. (Magdi , Alam, Shebl, & Hatata, 2017). Os prestadores de cuidados podem prevenir e gerir a ocorrência de úlceras de pressão utilizando precauções como cuidados práticos, avaliação de riscos, prevenção de danos, garantia de conforto, proporcionando ambientes seguros para ajudar os doentes a alcançar uma saúde óptima. Muitos distúrbios cutâneos podem ser geridos eficazmente ao nível dos cuidados primários, ensinando aos prestadores de cuidados como prevenir a ocorrência de úlceras de pressão nos idosos. (Kirkup, 2014).

A prevenção das úlceras de pressão pode ser feita com sucesso através de cuidados imediatos com a pele, posicionamento, exercícios eficazes de amplitude de movimento, uso regular e correto de emolientes para evitar problemas comuns da pele, como secura e prurido (Viera, Oliveira, Ribeiro, Luz & Araujo, 2016). Para além da limpeza diária da pele e de uma alimentação saudável, o exercício físico é importante na prevenção das escaras, através da realização de atividade física que aumenta o fluxo sanguíneo para a pele, o que pode impedir o desenvolvimento de escaras e aumentar a circulação sanguínea (Eljedi, El-Daharja &Dukhan, 2015).A higiene da pele é essencial para a saúde da pele e importante na promoção do bem-estar pessoal. Lavar a pele com água e sabão continua a ser o método padrão de limpeza da pele. (Ford, 2012). Além disso, a lavagem excessiva pode causar danos à barreira cutânea através da remoção de lípidos da superfície da pele, resultando numa maior secura da pele. (Lawton, nd). Por conseguinte, a pele deve ser seca com uma toalha limpa e uma massagem suave, após o que deve ser aplicado o emoliente cutâneo para evitar a secura da pele. (Viera, Oliveira, Ribeiro, Luz & Araujo,2016). Estima-se que uma das melhores maneiras de prevenir uma úlcera de pressão é reduzir ou aliviar a pressão nas áreas de risco, movendo-se e mudando de posição o máximo possível (Jocelyn, Thiara, Lopez & Shorey,2017 ; NHS,2014).

Em casa, os prestadores de cuidados podem prevenir as úlceras de pressão nos idosos mudando a sua posição pelo menos de 2 em 2 ou de 4 em 4 horas para melhorar a circulação. Devem utilizar almofadas ou dispositivos de conforto de forma eficaz para evitar que as superfícies ósseas toquem umas nas outras, manter o lençol de baixo sem rugas, remover quaisquer migalhas e fazer exercícios de amplitude de movimentos aos doentes idosos acamados (Waxner Medical Center, 2016). A terapia nutricional médica é uma abordagem eficaz de gestão da doença que diminui o risco de doença crónica, retarda a progressão da doença e reduz os sintomas da doença. (Tripathi, Singh, Dubey & Seven, 2016). Foi identificado que a desnutrição é comum em pessoas idosas (Dorner, 2015). Uma nutrição equilibrada é muito importante para o bem-estar geral, especialmente nos idosos, devido às suas alterações fisiológicas e à sua imunidade mais fraca, que é influenciada pela falta de nutrientes e por hábitos alimentares diferentes, o que os torna mais propensos a várias infecções (Tripathi, Singh, Dubey & Seven, 2016). Uma alimentação equilibrada e a ingestão de água suficiente não só previnem a desnutrição e a desidratação dos idosos, como também evitam a ocorrência de escaras. (Koller & Price, 2015). Os idosos devem consumir alimentos ricos em ácido alfa-linolénico, como leguminosas, vegetais de folha verde, feno-grego e sementes de mostarda, que levam a uma maior excreção de cálcio, o que pode resultar na redução do problema das úlceras de pressão. (Tripathi, Singh, Dubey & Seven, 2016)

Os prestadores de cuidados domiciliários necessitam de formação suficiente para poderem comunicar os resultados da sua avaliação a todas as pessoas necessárias de uma forma clara, compreensível e abrangente. É muito importante formar os prestadores de cuidados no domínio dos cuidados a idosos, juntamente com competências de comunicação e comunicação rápidas que aumentem a segurança dos doentes. (Kloppers, Dyk, & Pretorius, 2015). Os prestadores de cuidados centram-se normalmente nas necessidades de autocuidado dos idosos que têm algum grau de dependência cognitiva e funcional. No entanto, devem prestar mais atenção aos cuidados imediatos com a pele dos idosos, o que pode contribuir para uma recuperação precoce (Sdo & Apma, 2016). Foi identificado que os cuidadores estão sobrecarregados de trabalho e enfrentam problemas como stress emocional e físico, conflitos familiares e falta de conhecimentos e competências sobre cuidados a idosos acamados (Coelho, Faustino & Cruz, 2017). Para prestar cuidados eficazes, é importante que os cuidadores tenham conhecimento sobre o envelhecimento como processo patológico, que pode ser reconhecido facilmente por eles. (SNS, 2014). O conhecimento dos cuidadores relacionado com a tarefa de cuidar da pele, ajudá-los-á a identificar a melhoria do bem-estar físico dos idosos. Portanto, torna-se importante educar os cuidadores sobre como realizar uma avaliação abrangente da pele que inclua as técnicas para identificar a resposta de branqueamento, calor localizado, edema, alterações na cor e textura da pele e endurecimento (NPUAPEPUAP/PPPIA, 2014). Os prestadores de cuidados devem ser treinados para realizar esta tarefa de forma correcta e segura (Sdo & Apma, 2016).

Este capítulo destaca o enunciado do problema, a importância do problema, o objetivo, a definição dos termos, as questões de investigação, as hipóteses, as limitações e o quadro teórico.

1.2 Declaração do problema:

As pessoas idosas com problemas de saúde crónicos são, na sua maioria, cuidadas em casa por familiares ou por prestadores de cuidados contratados. Os idosos têm enormes necessidades de cuidados de saúde, desde a alimentação à eliminação, passando pela respiração, circulação e mobilidade. Muitas vezes não são capazes de comunicar as suas necessidades de urinar e eliminar (Coelho, Faustino & Cruz, 2017). O que pode resultar em urinar na cama e defecar na cama. Os idosos precisam de cuidados imediatos em casa para evitar qualquer complicação que possa piorar a sua situação de saúde. As complicações mais comuns que os idosos enfrentam no domicílio são as úlceras de decúbito, devido à falta de mobilidade e aos problemas de saúde existentes entre eles. Por conseguinte, torna-se essencial ter familiares ou prestadores de cuidados eficientes para cuidar dos idosos em casa. Os prestadores de cuidados têm de compreender a importância da prevenção das "úlceras de decúbito" nos idosos, que podem dar origem a outras complicações e agravar os problemas dos idosos (NPUAPEPUAP/PPPIA, 2014). Se os prestadores de cuidados não souberem como cuidar dos idosos, o estado de saúde dos idosos deteriorar-se-á ainda mais e poderá causar-lhes problemas graves. Por conseguinte, há uma grande necessidade de educar os prestadores de cuidados domiciliários dos idosos acamados para prevenir as úlceras de decúbito entre os pacientes idosos. Este estudo de investigação teve como objetivo avaliar a eficácia do programa de ensino dos prestadores de cuidados domiciliários na prevenção da úlcera de decúbito em idosos acamados.

1.3 Significado do estudo:

Os problemas de saúde relacionados com as doenças crónicas não transmissíveis estão a aumentar. Os principais problemas de saúde relacionados com as doenças não transmissíveis que o mundo enfrenta atualmente são principalmente as doenças cardiovasculares, os cancros, as doenças respiratórias e a diabetes. A incidência e a prevalência destas doenças são mais elevadas entre os idosos. (OMS, 2018.). Segundo a OMS (2015), prevê-se que cerca de 19% das pessoas com idades compreendidas entre os 30 e os 70 anos morrem devido a doenças não transmissíveis.

Os pacientes idosos acamados podem enfrentar inúmeras complicações durante este período da vida. De acordo com Geraghty (2011), a gestão da integridade da pele e a prevenção de ruturas cutâneas em idosos acamados é um dos pilares mais importantes dos cuidados profissionais de enfermagem e representa um desafio constante para os profissionais de saúde. O estado de acamado afeta a integridade da pele e aumenta o risco de desenvolvimento de úlceras de pressão e complicações (Bernardes & Calirim 2016). Os idosos com problemas crónicos de saúde são, na sua maioria, assistidos em casa. Esses idosos acamados são mais propensos a desenvolver as complicações do repouso prolongado no leito. O problema mais grave e comum que os idosos acamados podem ter são as úlceras de decúbito. Este problema está principalmente relacionado com a ineficácia e a inadequação dos cuidados prestados aos idosos devido à falta de conhecimentos dos prestadores de cuidados no que respeita aos cuidados imediatos que conduzem à prevenção das úlceras de decúbito. A úlcera de decúbito pode ser um problema grave que os idosos podem enfrentar e pode mesmo causar a morte ao provocar septicemia e doenças do sangue. (Magdi , Alam, Shebl, Hatata, 2017) .

A educação é um meio eficaz de preparar as pessoas para lidarem mais eficazmente com as questões e os problemas da sua vida quotidiana. Os conhecimentos e as competências adquiridos ajudam os alunos a aplicá-los em situações da vida quotidiana e a viver a vida com mais sucesso. A educação dada aos prestadores de cuidados aos idosos acamados no que respeita aos cuidados aos idosos ajudá-los-á a cuidar melhor dos idosos e a prevenir complicações entre eles. Este estudo salientará o efeito da educação dos prestadores de cuidados na prevenção de úlceras de decúbito entre os idosos. Mais importante ainda, salientará o efeito das demonstrações de competências aos prestadores de cuidados relacionadas com os cuidados a idosos acamados na prevenção de úlceras de decúbito.

1.4 Objetivo do estudo :

O objetivo deste estudo é avaliar a eficácia do programa de ensino dos prestadores de cuidados domiciliários na prevenção da úlcera de decúbito em doentes idosos acamados. Isto pode ser feito através da realização de um teste pré-pós para o programa de ensino que foi conduzido aos prestadores de cuidados.

1.5 Objetivo do estudo :

1-Avaliar a eficácia do programa de ensino dos prestadores de cuidados domiciliários na prevenção da úlcera de decúbito em idosos acamados

2-Identificar a associação entre a eficácia do programa de ensino de cuidadores domiciliares na prevenção de úlcera de decúbito em idosos acamados e suas variáveis demográficas.

1.6 Questões de investigação

1-Qual a eficácia do programa de ensino de cuidadores domiciliários na prevenção da úlcera de decúbito em pacientes idosos acamados?

2- Qual a associação entre a eficácia dos programas de ensino dos cuidadores domiciliares na prevenção de úlcera de decúbito em idosos acamados com as variáveis demográficas?

Hipótese do estudo:

1- Os programas de formação melhoram os prestadores de cuidados que passam por um programa de ensino sobre cuidados a doentes idosos no domicílio e prestam melhores cuidados aos idosos.

2- Os prestadores de cuidados receberam formação através de um programa de ensino sobre os cuidados a prestar aos doentes idosos em casa

são capazes de prevenir as úlceras de decúbito nos idosos.

1.7 Definição de termos :

1.7.1 Eficácia:

a) Definição concetual :

A capacidade de uma atividade para produzir o resultado desejado (Oxford Dictionary, 2015).

b) Definição operacional:

O alcance do resultado esperado do programa de ensino em termos dos escores obtidos pelos cuidadores no pós-teste de conhecimento e na observação do investigador dos idosos acamados no domicílio sobre prevenção de úlcera de decúbito.

1.7.2 Prestadores de cuidados ao domicílio

a) Definição concetual :

Membros não remunerados ou remunerados da rede de relações sociais de uma pessoa que ajudam nas actividades da vida diária (Oxford Dictionary, 2015).

b) Definição operacional :

Todas as pessoas que sejam membros da família ou contratadas pela família e que participem na prestação de cuidados ao domicílio a idosos acamados residentes em Ras Al-Khaimah.

1.7.3 Programa de ensino

a) Definição concetual :

Programa educativo e de aprendizagem que contém materiais, planos e objectivos de formas de conduzir uma sessão educativa que ajuda a compreender melhor e a praticar melhor. (Dicionário Oxford, 2015)

b) Definição operacional :

Programa educativo planeado para os prestadores de cuidados domiciliários a idosos acamados sobre a prevenção de úlceras de decúbito entre eles. Este programa inclui ensino e demonstrações sobre cuidados com as costas e massagem, mudança de posições, exercícios de amplitude de movimentos e dieta para idosos acamados em casa.

1.7.4 Úlcera de decúbito :

a) Definição concetual :

Uma ferida de cama, uma úlcera cutânea que resulta do facto de se estar deitado numa posição durante demasiado tempo, de modo que a circulação na pele fica comprometida pela pressão, particularmente sobre uma proeminência óssea (Shiel, 2018).

b) Definição operacional :

A úlcera de decúbito é uma úlcera cutânea que pode surgir devido ao acamamento prolongado dos idosos que são tratados em casa.

1.7.6 Doentes idosos acamados:

a) Definição concetual :

Pessoa com idade igual ou superior a 60 anos e incapaz de se levantar da cama devido a doença ou lesão para realizar as actividades da vida diária (Oxford Dictionary, 2015).

b) Definição operacional :

Os doentes idosos com idade igual ou superior a 60 anos, residentes em Ras Al Khaimah e que, devido a determinadas condições de saúde, estão limitados ao leito durante mais tempo.

1.7.7 Ras Al-Khaimah

É um dos sete emirados dos Emirados Árabes Unidos, situado na parte norte dos EAU.

1.8 Pressuposto:

1. Os prestadores de cuidados darão respostas honestas a todas as perguntas relacionadas com os cuidados a prestar aos idosos.

2. Os prestadores de cuidados participarão e serão ouvintes activos e observadores das sessões educativas relacionadas com a prevenção das úlceras de decúbito.

3. O prestador de cuidados aprenderá a demonstração apresentada, redemonstrá-lo-á e praticará as novas competências aprendidas enquanto cuida do idoso acamado em casa.

3.8 Delimitação do estudo

O estudo tem as seguintes delimitações:

-1- O estudo restringe-se aos prestadores de cuidados a doentes idosos acamados residentes em Ras Al Khaimah.

-2- O estudo incluiu os prestadores de cuidados a idosos acamados com mais de 60 anos de idade.

-3- Os participantes no estudo foram os prestadores de cuidados a idosos acamados que sabem ler e escrever em árabe ou inglês.

3.9 Quadro teórico ou concetual:

Para o presente estudo, a investigadora baseia os seus conceitos na teoria humanista da prestação de cuidados de Jean Watson. De acordo com Watson, a arte única de cuidar e curar tem uma estrutura chamada factores de cuidado que equilibra a orientação para a cura e a disciplina única para cuidar. A teoria também leva o trabalho de cura para além do pensamento convencional por disciplina e transdisciplina, como a linha do tempo, a consideração ética, a orientação e os métodos de cura (Parker & Smith 2010).

Os pressupostos da teoria humanista da prestação de cuidados são :

1. A prestação de cuidados só pode ser efetivamente demonstrada e praticada a nível interpessoal.

2. A prestação de cuidados é constituída por factores caritativos que resultam na satisfação de determinadas necessidades humanas.

3. A prestação efectiva de cuidados promove a saúde e o crescimento individual ou familiar.

4. As respostas carinhosas aceitam a pessoa não só como ela é agora, mas também como ela pode vir a ser.

5. Um ambiente de cuidados é aquele que oferece o desenvolvimento do potencial, permitindo que a pessoa escolha a melhor ação para si própria num determinado momento.

6. Cuidar é mais hepatogénico do que curar, uma ciência do cuidar é complementar à ciência do curar.

7. A prática do cuidar é fundamental para a enfermagem e a prática de enfermagem baseia-se no cuidar (Parker & Smith ,2010)

Os 10 factores de cariz teórico são os seguintes

1. A formação de um sistema de valores humanista-altruísta

O prestador de cuidados ouve os outros com preocupação genuína, valida a singularidade de si próprio e dos outros, aceita-se a si próprio e aos outros tal como são, ouve os outros, presta atenção e respeita os outros. (Ozan, Okumu§,Lash,2015)

2.	A instalação da fé-esperança.

Os prestadores de cuidados promovem uma ligação humana intencional com os outros, interagem com os cuidados para promover a cura e a integridade, incorporam os valores e crenças dos outros e o que é significativo e importante. Utiliza também o contacto visual e o toque adequados. (Ozan, Okumu§,Lash,2015).

3.	O cultivo da sensibilidade em relação a si próprio e aos outros.

Os prestadores de cuidados praticarão a expressão de autorreflexão, demonstrando vontade de explorar os seus sentimentos, crenças e valores para o seu crescimento pessoal. Desenvolve rituais significativos para praticar o perdão e a compaixão. Também se aceita a si próprio e aos outros como únicos, dignos de respeito e carinho. Os prestadores de cuidados também demonstram capacidade para perdoar a si próprios e aos outros (Bails, 2012).

4.	O desenvolvimento de uma relação de ajuda-confiança

As pessoas que prestam cuidados entrarão na sua experiência para explorar as possibilidades da relação. Além disso, os prestadores de cuidados respondem aos outros com congruência, trazem para a relação o seu "eu" honesto e genuíno, demonstram sensibilidade e abertura aos outros, envolvem-se nas relações e demonstram consciência do estilo de comunicação dos outros (verbal e não verbal). Além disso, procura esclarecimentos quando necessário (Bails, 2012).

5.	A promoção e a aceitação da expressão de sentimentos positivos e negativos. Os prestadores de cuidados encorajarão a narrativa e a narração de histórias como forma de expressar compreensão. Além disso, os prestadores de cuidados encorajarão a reflexão sobre sentimentos e experiências. Ouvirão ativamente os outros sem serem interrompidos nos seus sentimentos.

Além disso, aceita e ajuda os outros a lidar com os seus sentimentos negativos. (Ozan, Okumus & Lash,2015).

6.	A utilização sistemática do método científico de resolução de problemas para a tomada de decisões Os prestadores de cuidados reconhecerão uma consciência da presença de si próprios como um elemento efetivo do plano de cuidados. Utiliza-se também a si próprio para criar ambientes de cura através do toque, da voz, do movimento, da expressão, do contacto visual adequado e da escuta ativa (Ozan, Okumus & Lash,2015).

7.	A promoção do ensino-aprendizagem interpessoal.

Os prestadores de cuidados devem falar com calma, tranquilidade e respetivamente com os outros, dando-lhes toda a atenção, compreender a sua visão do mundo e depois partilhar, orientar e fornecer informações.

São as ferramentas e as opções para satisfazer as necessidades dos outros. Os prestadores de cuidados devem compreender os conhecimentos dos seus pacientes e a sua disponibilidade para aprender (Bails, 2012).

8.	A criação de um ambiente mental, físico, sociocultural e espiritual de apoio, proteção e correção.

Os prestadores de cuidados participam na prestação de cuidados de cura e criam um ambiente de cura para estarem disponíveis para os outros, como os idosos. Também prestam atenção aos outros quando estão a falar e compreendem as necessidades dos outros (Ozan, Okumus & Lash, 2015).

9.	Assistência na satisfação das necessidades humanas.

Os prestadores de cuidados devem proporcionar aos outros o maior conforto possível e ajudá-los a sentirem-se menos preocupados. Respeitam também a necessidade de privacidade dos outros e a perceção das suas necessidades únicas. Assim, o investigador envolverá a família e outros prestadores de cuidados na ajuda aos outros com necessidades especiais de relaxamento, restauração e sono (Ozan, Okumus & Lash, 2015).

10. A tomada em consideração das forças existenciais e fenomenológicas.

Os prestadores de cuidados partilham e participam nos cuidados humanos de forma adequada, reconhecem os seus sentimentos e os dos outros e sabem o que é importante para si e para os outros. Assim, mostrarão respeito pelos outros (Ozan, Okumus & Lash,2015).

Figura 1: quadro concetual e teórico:

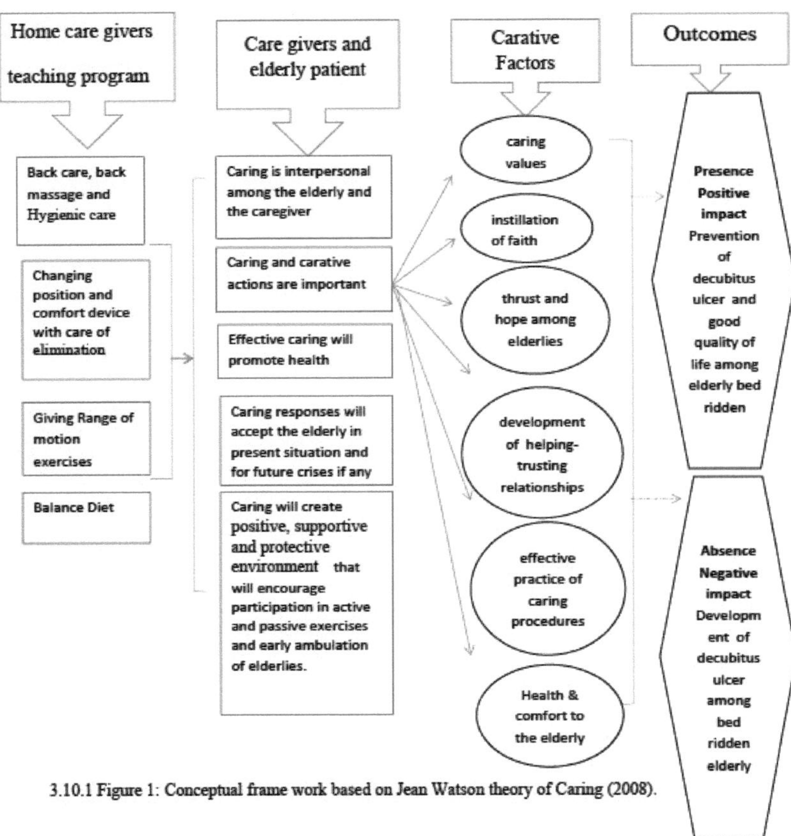

3.10.1 Figure 1: Conceptual frame work based on Jean Watson theory of Caring (2008).

3.10.1 Figura 1: Quadro concetual baseado na teoria do cuidado de Jean Watson (2008).

Quadro concetual do estudo:

O presente estudo baseia-se nos pressupostos da teoria da prestação efectiva de cuidados de Jean Watson.

1. A prestação de cuidados só pode ser efetivamente demonstrada e praticada a nível interpessoal:

O investigador acredita que a prestação efectiva de cuidados só pode ter lugar a nível interpessoal entre os doentes idosos acamados e os prestadores de cuidados. A relação interpessoal é um pré-requisito muito importante na prestação de cuidados, especialmente aos idosos acamados que dependem totalmente dos prestadores de cuidados para as suas necessidades básicas.

2. A prestação de cuidados é constituída por factores caritativos que resultam na satisfação de determinadas necessidades humanas:

A humanidade é a qualidade mais importante em qualquer processo de prestação de cuidados, que dá origem à elevação dos valores humanos e resulta na melhoria das condições espirituais ou morais de um prestador de cuidados. Os pressupostos de Watson sugerem 10 factores de cuidado que são essenciais para manter a relação de cuidado. Os prestadores de cuidados a idosos acamados poderão prestar cuidados de excelência se aplicarem estes factores caritativos ao lidar com os idosos.

3. A prestação efectiva de cuidados promoverá a saúde:

Os idosos acamados que estão totalmente dependentes dos prestadores de cuidados devido às suas limitações físicas, emocionais e sociais poderão avançar para resultados positivos em termos de saúde com práticas de cuidados eficazes. Os prestadores de cuidados serão capazes de identificar até as mais pequenas variações na reação dos idosos com observações rápidas e comunicações eficazes. Não haverá complicações, incluindo úlceras de decúbito, para eles.

4. As respostas carinhosas acolherão os idosos na situação atual e, se for caso disso, em futuras crises:

Cuidar denota carinho e afeto. A prestação de cuidados é incondicional e aceita os indivíduos em qualquer estado de saúde em que se encontrem. O forte empenhamento no bem-estar de um idoso acamado e o respeito pelas suas necessidades de cuidados resultarão na identificação de quaisquer problemas potenciais ou ameaças futuras e na prevenção de quaisquer complicações futuras através da aplicação de excelentes competências de cuidados quotidianos.

5. A prestação de cuidados criará um ambiente positivo, de apoio e de proteção que incentivará a participação em exercícios activos e passivos e a deambulação precoce dos idosos.

Os cuidados holísticos prestados aos idosos acamados têm como objetivo obter resultados positivos para a sua saúde. Uma vez que a permanência prolongada no leito pode resultar em rigidez física, é muito importante praticar exercícios activos e passivos que mantenham a mobilidade do sistema músculo-esquelético e previnam as úlceras de decúbito nos idosos.

O investigador acredita que os factores de cuidado dirigirão e inculcarão a abordagem humanística entre os prestadores de cuidados, que inclui a formação de um sistema de valores humanísticos, a instilação de fé e esperança, o cultivo da sensibilidade para consigo próprio e para com os outros, o desenvolvimento de uma relação de ajuda e confiança nos cuidados humanos, a promoção e aceitação da expressão de sentimentos positivos e negativos, a resolução das necessidades diárias de cuidados, juntamente com a criação de um ambiente positivo, de apoio e de proteção que encoraje os exercícios activos e passivos dos idosos acamados.

A presença de um comportamento carinhoso por parte dos prestadores de cuidados resultará em resultados positivos em termos de saúde, com melhor qualidade de vida entre os idosos acamados, sem úlceras de decúbito, ao passo que a ausência desse comportamento carinhoso resultará na deterioração da sua saúde e poderá mesmo dar origem a úlceras de decúbito nos idosos acamados.

Este capítulo destaca o enunciado do problema, a importância do problema, a finalidade, o objetivo do estudo, a definição dos termos, as questões e hipóteses de investigação, os pressupostos, as limitações e o enquadramento teórico. O capítulo seguinte destaca a revisão da literatura relacionada com o tema da investigação.

CAPÍTULO II

Revisão da literatura

O objetivo deste capítulo é apresentar uma revisão da literatura relevante. O conteúdo deste capítulo inclui a revisão da literatura que destaca os cuidados prestados aos idosos acamados no domicílio e o efeito da educação dos prestadores de cuidados na prevenção da úlcera de decúbito entre os idosos acamados.

A pesquisa bibliográfica sobre o tema foi efectuada principalmente através da CINAHL, da ProQuest e de revistas de enfermagem em linha dos últimos cinco anos. Neste capítulo, a literatura revista é apresentada sob o seguinte subtítulo:

1- O processo de envelhecimento dos idosos e a sua saúde

2- Problemas relacionados com os cuidados da pele enfrentados pelos doentes idosos acamados

3- Causas de úlceras de decúbito em idosos acamados

4- Prevenção de úlceras de decúbito em idosos acamados

a) Cuidados com a pele dos idosos acamados

b) Posicionamento e exercício

c) Necessidades nutricionais

5- O papel dos prestadores de cuidados na identificação e gestão das necessidades dos idosos

1. O processo de envelhecimento dos idosos e a sua saúde

A fase da velhice na vida humana é muito distinta e muitas vezes dolorosa devido a várias razões. Esta fase é caracterizada por múltiplas limitações físicas, fisiológicas, psicológicas e socioeconómicas que os idosos enfrentam. De acordo com He, Goodkind e Kowal (2015), a população idosa mundial está a crescer a um ritmo mais rápido e a população mundial de idosos é de 617 milhões (8,5 %). Nos EAU, a população atual de idosos entre os 55 e os 64 anos é de 3,23% e acima dos 65 anos é de 1,04% (CIA World, 2017).

De acordo com a Organização Mundial de Saúde (OMS), a velhice divide-se em três períodos; o primeiro período é o envelhecimento jovem (velhice precoce) que começa entre os 60 e os 74 anos. O segundo período da velhice é designado por "old-old" (velhice tardia) que vai dos 75 aos 90 anos de idade e o último período é designado por longevidade (long-lived) que vai dos 90 anos ou mais (Dziechciaz & Filip, 2014).

O processo de envelhecimento envolve um conjunto de factores biopsicossociais que levam os idosos a um maior declínio funcional e riscos de danos à saúde e à prevalência de doenças crónicas que podem causar algum tipo de incapacidade ou dependência. (Geraghty, 2011). O envelhecimento tem sido considerado como o aumento da fragilidade de um organismo com o tempo que reduz a capacidade de lidar com o stress resulta num aumento da chance de doença e morte. (Lord, 2014). As mudanças que ocorrem com a idade no funcionamento dos órgãos individuais afetam o humor do idoso, a atitude em relação ao ambiente, as condições físicas, a atividade social que designam o lugar do idoso na família e na sociedade. Os idosos têm alterações fisiológicas durante o envelhecimento que decorrem de forma desigual nos vários órgãos e sistemas do corpo e podem também ocorrer a ritmos diferentes nos indivíduos, afectando os sistemas circulatório, respiratório, digestivo, urogenital, músculo-esquelético e nervoso, bem como os órgãos dos sentidos. (Dziechciaz & Filip, 2014). À medida que a idade avança, as capacidades de saúde diminuem e, na maioria dos casos, as doenças crónicas tornam-se inevitáveis. As doenças crónicas são as patologias não transmissíveis que se manifestam durante um período prolongado e requerem um tratamento contínuo. Essas doenças interferem na qualidade de vida das pessoas, causando diversos níveis de incapacidades e limitações, (Silva, Peixoto, Souza, Santos & Aguiar, 2018). Segundo a OMS, a taxa de mortalidade relacionada às doenças não transmissíveis é de 65,2 %. A alteração da estrutura etária e do estilo de vida dos idosos pode levá-los a ter estas doenças como as cardiovasculares, o cancro, a diabetes e as doenças respiratórias crónicas. (OMS, 2015). Todas estas alterações e doenças podem levar os idosos a ficarem dependentes, o que se caracteriza por ser um estado em que o idoso não consegue realizar as suas actividades básicas da vida diária (Sdo & Anna, 2016).

Outro fator que contribui para o estado de saúde dos idosos é a saúde social e o ambiente social. A saúde social refere-se às ligações interpessoais do indivíduo e ao grau do seu envolvimento na comunidade. A saúde social centra-se em quatro áreas principais: família, trabalho, envolvimento na comunidade e amizades. O ambiente social é o local onde todos podem interagir uns com os outros e é importante para os idosos para satisfazer a sua companhia e apoio emocional, bem como as suas necessidades e exigências. (Alidoust, Holden & Bosman, 2014). Os idosos têm, na sua maioria, actividades limitadas em resultado de condições físicas que levam a um sentimento de interação social limitada e a um menor envolvimento social na comunidade, o que pode provocar o seu isolamento e solidão. (Alidoust, Holden & Bosman, 2014). O stress é outro fator que afecta a saúde dos idosos e está relacionado com o estado psicológico dos idosos. O aumento do stress relacionado com a idade parece ser uma consequência da relação de desequilíbrio entre os idosos e os seus cuidadores e a forma como estes percepcionam a vida que pode causar danos graves, desigualdade na atitude e pode causar doenças graves (Tosato, Zamboni, Ferrini & Cesari, 2014).

Foi identificado que os factores socioeconómicos causam boas ou más condições de saúde nos idosos e podem colocá-los como a secção mais vulnerável da população. Os idosos de diferentes contextos socioeconómicos evidenciam as diferentes necessidades e expectativas em função dos seus antecedentes familiares, educativos, profissionais e residenciais.

(A pobreza pode agravar os problemas de saúde dos doentes idosos. É geralmente reconhecido que os idosos que dispõem de menos recursos económicos têm maior suscetibilidade a problemas de saúde crónicos. Além disso, verificou-se que os idosos que vivem em pequenas cidades têm rendimentos mais baixos e uma saúde mais precária do que os que vivem nas cidades. Sentem-se socialmente desamparados e economicamente inseguros, pelo que são forçados a levar uma vida de incerteza e dificuldade. (As mudanças que os idosos podem enfrentar na sua vida levam-nos a ficar imóveis e deprimidos. (Bernards &Calirim, 2016)

2. Problemas relacionados com os cuidados da pele enfrentados pelos doentes idosos acamados

O envelhecimento é um processo contínuo que afeta a função e a aparência da pele e, à medida que as pessoas envelhecem, aumentam as chances de desenvolver distúrbios relacionados à pele (Tosato, Zamboni, Ferrini & Cesari, 2014). De acordo com Bernardes e Calirim (2016) as principais alterações cutâneas contribuem com o envelhecimento. Estima-se que 70% dos idosos apresentam problemas de pele e complicações relacionadas. Os fatores que contribuem para problemas de pele em idosos são intervenções preventivas inadequadas, serviços não planejados com os requisitos necessários dos idosos e negligência das necessidades de cuidados com a pele dos idosos podem resultar em complicações como úlcera de decúbito (Bernardes & Calirim, 2016). Muitas mudanças na pele ocorrem com o aumento da idade. As taxas de renovação epidérmica diminuem para 30 a 50 % por volta dos 70 anos, levando a uma pele áspera com uma barreira reduzida da função cutânea e à degeneração da pele, que funciona como um primeiro mecanismo de defesa. Devido a estas alterações, a cicatrização das feridas epidérmicas e dérmicas é lenta e pode invadir o tecido subcutâneo e até os ossos. Por conseguinte, o envelhecimento torna-se um fator de risco grave para o desenvolvimento de ulceração por pressão (Magdi, Alam, Shebl & Hatata, 2017).

A pele, enquanto maior órgão do corpo humano, representa o primeiro ponto de contacto para todos os objectos, organismos e outros factores que interagem com o corpo. A integridade da pele refere-se à saúde da pele, que é essencial para manter as funções do corpo, como a regulação da temperatura e a proteção dos tecidos mais profundos contra a radiação ultravioleta e os organismos patogénicos (Cowdell, et al, 2016). O comprometimento da integridade da pele pode significar que a pele é vulnerável a lesões ou incapaz de cicatrizar normalmente e é definido como uma destruição das camadas da pele como a epiderme e a derme. Assim, a primeira camada é a epiderme, que é importante para proteger o interior da pele.

As estruturas do corpo, devido ao processo de envelhecimento, tornam-se mais finas, frágeis, secas e podem quebrar-se facilmente. (Fraser, 2017).

A epiderme torna-se mais fina e perde elasticidade devido ao envelhecimento, tornando-se mais enrugada e flácida. Além disso, a quantidade de gordura tende a diminuir, tornando a pele mais suscetível de ser frágil e facilmente danificada. (Fraser, 2017). A segunda camada, a derme, também é afetada e torna-se flácida devido à diminuição do volume das fibras de colagénio e dos tecidos elásticos. (Kirkup,2014). Isto leva a que a pele perca as suas funções normais de auto-cura e de regulação da temperatura corporal devido à redução do fornecimento de sangue. A perda de factores hidratantes naturais reduz a hidratação da pele e provoca pele seca e comichão, que pode levar a arranhões e rutura da pele. (Fraser, 2017).

Todos estes processos reduzem a qualidade da pele saudável, permitindo o desenvolvimento de hemorragias e lesões na pele. Isto também pode contribuir para o desenvolvimento de rugas que afectam as funções do corpo e causam um efeito nocivo como o desenvolvimento de escaras. (Kirkup,2014).

3. Causas de úlceras de decúbito em idosos acamados

O envelhecimento é um processo contínuo que afecta a função e a aparência da pele e, à medida que as pessoas envelhecem, aumenta a probabilidade de desenvolverem doenças relacionadas com a pele. (Bernardes & Calirim 2016). Identifica-se que as maiores complicações que os idosos enfrentam no programa de atendimento domiciliar são as úlceras de pressão, que são definidas como uma área de dano localizado na pele causada por pressão, cisalhamento, fricção e a combinação desses fatores que causam problemas e complicações na pele. (Geraghty, 2011). Uma úlcera de pressão é normalmente designada por ferida de cama, úlcera de decúbito ou ferida de pressão e, por vezes, por necrose de pressão ou úlcera isquémica. (Magdi, Alam, Shebl & Hatata, 2017). O estado de acamado afeta a pele, o que pode aumentar o risco de desenvolvimento de úlceras de pressão e de complicações (Bernardes & Calirim, 2016). Além disso, a rutura dos tecidos moles em resultado da compressão no local de uma proeminência óssea e na superfície externa pode causar danos graves na pele. Existem múltiplos factores que são responsáveis pela saúde da pele, tais como doenças relacionadas com a idade, má nutrição, incapacidade de resolver problemas de pele, mobilidade reduzida, pouca destreza, aumento da rigidez de atitude e declínio cognitivo, recusa em aceitar conselhos, aumento da fragilidade física, má higiene, negligência e incapacidade de realizar auto-cuidados (Tosato, Zamboni, Ferrini & Cesari, 2014). A nutrição e a hidratação desempenham um papel importante na preservação da viabilidade da pele e no apoio à reparação dos tecidos. A ingestão alimentar inadequada, o mau estado nutricional e a perda de peso foram identificados como factores de risco fundamentais para o desenvolvimento de úlceras de pressão (Posthauer, Banks, Dorner & Schols, 2015). A mobilidade prejudicada é um dos principais problemas dos idosos que os predispõe a úlceras de pressão devido a movimentos inadequados relacionados com as suas condições médicas. (Nordqvist, 2017). Além disso, outras influências na saúde da pele das pessoas idosas incluem a lavagem frequente, particularmente com produtos agressivos; falta de higiene (produzindo uma acumulação de potenciais agentes patogénicos e um risco acrescido de infeção); trauma; sensação periférica reduzida; mobilidade reduzida; incontinência; depressão e demência; polifarmácia (tomar vários medicamentos);

Existem também úlceras de pressão relacionadas com dispositivos médicos que são utilizados para fins diagnósticos ou terapêuticos, como drenos, cateteres, cânulas e equipamentos de imobilização.(Rook, 2013). As pessoas que desenvolvem lesões cutâneas são, na sua maioria, idosos com doenças crónicas e degenerativas como a diabetes mellitus, hipertensão arterial, presença de incontinência urinária, acidente vascular cerebral e em tratamento com antibióticos (Kirkup,2014). Estas incluem reações irritantes a adesivos de curativos; erupções cutâneas generalizadas de alergias; bolhas (ou bolhas) devido a adesivos de curativos ou fitas de fixação; eczema associado a dermatite e doença de estase venosa; hiperqueratose (pele escamosa espessa) frequentemente observada em doentes com linfedema ou doença de estase venosa; pele fina e púrpura devido a terapêutica com esteróides a longo prazo; pele desidratada devido a doença aguda ou compromisso nutricional; e condições de pele escoriada devido a exposição prolongada a humidade, urina e fezes ou ácidos.

Tais condições colocam o indivíduo em alto risco de integridade da pele prejudicada e infeção subsequente. (Fraser, 2017).

4. Prevenção das úlceras de decúbito nos idosos acamados a) Cuidados com a pele dos idosos acamados

A manutenção ou melhoria da saúde da pele é geralmente uma intervenção simples e de baixo custo que pode ter um impacto positivo na qualidade de vida e ajudar a prevenir a rutura da pele (Ford, 2012). A prevenção de úlceras de pressão pode ser feita com sucesso através de cuidados imediatos com a pele, posicionamento, exercícios eficazes de amplitude de movimento, uso regular e correto de emolientes para prevenir problemas comuns da pele, como secura e prurido em pessoas idosas (Viera, Oliveira, Ribeiro, Luz &Araujo, 2016). A higiene da pele é essencial para a saúde da pele e para a promoção do bem-estar pessoal. Para as pessoas idosas com pele seca, é importante alcançar um equilíbrio entre a limpeza e a lavagem excessiva da pele, que pode danificar a sua função de barreira (Kirkup, 2014).

Em relação aos cuidados com a pele, deve assegurar-se que as zonas de dobras cutâneas, como as nádegas, debaixo dos seios e nas dobras da barriga, são bem lavadas e secas. Os idosos com contraturas, que dão origem a um encurtamento anormal de um músculo, correm um maior risco de rutura da pele devido à limpeza e secagem da área várias vezes.

(Informações para lares de idosos, 2018).

É importante manter as unhas de um idoso limpas e curtas para reduzir o risco de lacerações acidentais da pele e de infeção. Se a pele ficar demasiado húmida, pode danificar-se mais facilmente, pelo que é importante proteger a pele do contacto com a urina, as fezes e os irritantes nocivos que causam alterações na pele devido à humidade excessiva (Information for Nursing Care Homes, 2018).

O uso adequado de produtos de lavagem e emolientes pode contribuir para manter a saúde da pele. O conhecimento mais importante está relacionado com os tipos de tensioactivos cutâneos (sabão) que devem ser utilizados pelos idosos para limpar a pele e não causar secura da pele (Ford, 2012). Os grupos significativos de tensioactivos (sabão) naturais com hidratante são os agentes de limpeza mais comuns a utilizar pelos idosos. (Cowdell, et al,2016). Os tensioactivos para a pele que estão disponíveis globalmente em diferentes formas, incluindo barras, líquidos, géis e cremes que devem ser utilizados em combinação com água para limpar a pele.(Cowdell, et al, 2016).Lavar a pele com água e sabão continua a ser o método padrão de limpeza da pele, por outro lado, isto pode causar um aumento do pH da pele que pode alterar a flora bacteriana normal da pele e aumentar os organismos patogénicos (Ford, 2012).). Além disso, a lavagem excessiva pode causar danos na barreira cutânea através da remoção de lípidos da superfície da pele, resultando numa maior secura da pele. (Lawton, nd). Além disso, a pele deve ser seca com uma toalha limpa e uma massagem suave, após o que deve ser aplicado um emoliente cutâneo para evitar a secura da pele, o que constitui uma das medidas preventivas dos danos cutâneos. (Voegeli 2010). Os emolientes simples são definidos como hidratantes da pele que deixam uma barreira de lípidos artificiais na superfície da pele que previnem e reduzem a perda de água transepidérmica da pele (Danby, 2011). Além disso, a importância dos cuidados primários da pele inclui a utilização regular e correcta de emolientes para prevenir problemas de pele comuns (Lawton, nd).

Os emolientes são utilizados para cuidar da pele de pessoas acamadas. A consistência do emoliente depende dos níveis de lípido ou óleo e da quantidade de água, o que está na base da categorização dos emolientes como pomadas, cremes ou loções. (Cowdell, et al., 2016) O conteúdo das pomadas com menor quantidade de água e maior quantidade de lípidos apresenta uma oclusão cutânea mais significativa. (Danby, 2011). Ao aplicar a pomada na pele, devem ser tomadas precauções para não massajar sobre partes ósseas como as ancas, o cóccix, os ombros e os tornozelos, pois pode causar danos nos tecidos sob a pele. (Wagner medical center, 2016).

Coelho, Faustino, Cruz e Santos (2017) realizaram um estudo experimental sobre cuidados com a pele. As amostras deste estudo foram 31 cuidadores, especialmente mulheres (93,5%). Os resultados mostraram que no pré-teste, a maioria (93,5%) dos cuidadores não possuía nenhum conhecimento em cuidados com a pele e identificaram mais danos apenas na área da fralda. No entanto, no pós-teste, houve uma melhoria no reconhecimento de todos os itens com 50% ou mais de respostas correctas. Os resultados deste estudo sugerem que as sessões educativas foram eficazes para que os prestadores de cuidados compreendessem as formas de cuidar da pele e como prevenir danos na pele.

b) Posicionamento e exercício

Para prevenir lesões cutâneas e úlceras de pressão, é importante manter os idosos em movimento tanto quanto possível, uma vez que a imobilidade é o maior risco de desenvolver úlceras de pressão. Uma das melhores formas de prevenir uma úlcera de pressão é reduzir ou aliviar a pressão nas áreas de risco, deslocando-se e mudando de posição o mais possível.(NHS,2014)

Como a úlcera de pressão se desenvolve devido a longos períodos de imobilização, o posicionamento regular é crucial para manter a vitalidade do tecido e distribuir a pressão de uma área específica para evitar a intensidade da carga e lesão do tecido (Jocelyn, Thiara, Lopez & Shorey,2017). Muitas coisas podem ser feitas para proteger a pele dos idosos e prevenir a ocorrência de úlceras de pressão. A primeira é a mudança de posição do corpo pelo menos a cada 1 a 2 horas, o que ajudará a melhorar a circulação. Em segundo lugar, utilizar almofadas ou dispositivos confortáveis que ajudem a manter as superfícies ósseas longe do contacto umas com as outras. Em terceiro lugar, manter o lençol de baixo ou o lençol da cama sem rugas, remover quaisquer migalhas ou objectos da cama e mantê-los na mesa de cabeceira. (Wagner medical center, 2016). Mudar de posição a cada duas horas melhora o fluxo sanguíneo e reduz o desenvolvimento de úlceras de pressão, mas ainda não é claro qual o método de posicionamento mais eficaz quando o doente é virado de um lado para o outro. (NHS,

2014). O posicionamento pode ser eficaz através da utilização de diferentes dispositivos de alívio da pressão e superfícies de apoio. Os dispositivos de conforto podem ser utilizados para aliviar a pressão em áreas de elevado risco de desenvolvimento de úlceras de pressão. (Jocelyn, Thiara, Lopez & Shorey,2017).

Os idosos devem ser ajudados a manter a sua posição na cama, utilizando uma almofada para manter uma posição lateral de 30 graus. A cabeceira da cama deve ser elevada a menos de 30 graus para evitar que escorreguem da cama. Isto reduzirá o risco de colocar pressão adicional nas áreas de proeminência óssea. (Information for Nursing Care Homes, 2018). Os exercícios activos e passivos são muito importantes na prevenção das úlceras de pressão. A atividade física aumenta o fluxo sanguíneo para a pele e pode manter a pele livre de úlceras de pressão e faz com que o corpo se mova livremente, o que aumenta a circulação sanguínea. (Four Effective Exercises for Bedridden Patients, 2015) , O exercício de amplitude de movimentos melhora a circulação sanguínea dos idosos acamados e melhora o aspeto da sua pele. (Lawton, nd). Foi identificado que a realização de elevações de pernas algumas vezes por dia pode ajudar a promover o movimento das pernas e aumentar a circulação, aumentar a flexibilidade do corpo, reduzir a rigidez e reduzir o risco de desenvolver úlceras de pressão. (Four Effective Exercises for Bedridden Patients, 2015)

O exercício de fortalecimento tem muitos benefícios para a saúde. Ao fortalecer a massa muscular magra e ao reduzir a pressão arterial, minimiza o risco de acidente vascular cerebral e de doença coronária, o que leva a uma melhoria da qualidade de vida funcional. (Eldergym, nd). Melhora a saúde óssea, reduzindo o risco de osteoporose, melhora a tolerância à glicose e a resistência à insulina, aumenta a força da zona lombar, reduz as dores lombares e tem efeitos benéficos na redução do colesterol total (Eldergym, nd).

Foi aconselhado que os prestadores de cuidados de saúde devem aprender a efetuar exercícios de movimento circular para doentes idosos acamados sem os magoar ou causar lesões. (Centro médico Wexner, 2016)

c) Necessidades nutricionais

A nutrição ajuda a promover a saúde e as funções do organismo como estratégia secundária e terciária como terapia nutricional médica (TNM). É uma abordagem eficaz de gestão da doença que diminui o risco de doença crónica, retarda a progressão da doença e reduz os sintomas da doença. (A desnutrição leva a um aumento da dependência devido à fraqueza física e à perda de massa muscular, que frequentemente leva a quedas e fracturas (Tripathi, Singh, Dubey & Seven, 2016). Os nutrientes equilibrados são essenciais para o bem-estar geral dos idosos, uma vez que estes enfrentam alterações fisiológicas e a fraqueza da imunidade com o avançar da idade torna-os mais propensos a contrair várias infecções (Tripathi, Singh, Dubey & Seven, 2016).

De acordo com Posthauer, Banks, Dorner, Schols, (2015), a nutrição e a hidratação desempenham um papel importante na preservação da viabilidade da pele e dos tecidos, apoiando também a reparação dos tecidos para a prevenção das úlceras de pressão. A necessidade de calorias diminui com a idade, embora os indivíduos variem dependendo do seu nível de atividade e estado nutricional (Academy of Nutrition and Dietetics, 2012).

Comer e beber bem é importante para todos, especialmente para aqueles que estão em risco de desenvolver úlceras de pressão. É muito importante que os idosos tenham uma dieta saudável e equilibrada e bebam muitos líquidos (NHS, 2014).

Comer alimentos suficientes e escolher uma variedade de alimentos de cada grupo alimentar às refeições ajudará a melhorar os hábitos alimentares dos idosos e a impedir a ocorrência de úlceras de pressão. As directrizes dietéticas para os idosos recomendam uma alimentação saudável, ingerindo calorias suficientes para manter o peso e certificando-se de que a dieta deve ter proteínas suficientes em todas as refeições, lanches como leite, iogurte, feijão, ovos, carne e peixe e beber água suficiente de 6 a 8 copos para evitar a desidratação. (Koller & Price, 2015).

Com o aumento da ingestão de proteínas, a dieta deve atingir o equilíbrio positivo de azoto, uma vez que o aumento da ingestão de proteínas tem um papel importante na melhoria da cicatrização de feridas (Manamon, 2013). De acordo com Tripathi, Singh, Dubey e Seven (2016), os idosos devem consumir alimentos ricos em ácidos alfa-linolénicos (ALA), como leguminosas, vegetais de folha verde, feno-grego e sementes de mostarda, que conduzem a uma maior excreção de cálcio, o que pode resultar numa redução do problema das úlceras de pressão.

A desnutrição é comum em pessoas idosas, causando desequilíbrio nutricional e falta de calorias, proteínas ou outros nutrientes necessários para a manutenção e reparação dos tecidos. (Dorland, 2011). Uma nutrição e hidratação adequadas são importantes para prevenir as úlceras de pressão. Os idosos devem ser encorajados a ter uma dieta saudável e equilibrada e a beber regularmente, assegurando a disponibilidade de escolhas e variedades de alimentos. Os idosos que têm dificuldade em tomar refeições devem ser assistidos e os que estão em risco de desnutrição devem ser encaminhados para um nutricionista (Information for Nursing Care Homes, 2018).

5. O papel dos prestadores de cuidados na identificação e gestão das necessidades dos idosos.

De acordo com a experiência da investigadora no terreno, quase todos os cuidadores de idosos desconhecem os cuidados imediatos a prestar aos idosos acamados em casa. Normalmente, os prestadores de cuidados concentram-se sobretudo nas necessidades de autocuidado dos idosos com algum grau de dependência cognitiva e funcional (Sdo & Apma, 2016). Os cuidadores devem prestar mais atenção aos cuidados imediatos com a pele dos idosos, o que pode contribuir para uma recuperação precoce. O cuidador tem um papel importante na assistência ao idoso, mas, em algumas circunstâncias, pode não estar adequadamente treinado para essa função (Sdo & Apma, 2016).

De acordo com o Painel Consultivo Europeu para as Úlceras de Pressão e o Painel Consultivo Nacional para as Úlceras de Pressão (2014), é necessário adotar determinadas medidas para melhorar os conhecimentos dos prestadores de cuidados de saúde sobre as competências de cuidados com a pele envelhecida e as suas complicações. Assim, com formação e conhecimentos suficientes, muitas doenças de pele podem ser geridas eficazmente nos cuidados primários. Competência profissional significa ter conhecimentos, qualificações e experiência adequados e suficientes no domínio em que os prestadores de cuidados trabalham, o que lhes permite compreender os perigos e os riscos envolvidos no trabalho que podem efetuar, o ambiente e o tipo de pessoas com quem têm de trabalhar. Além disso, necessitam de formação suficiente para poderem comunicar os resultados da sua avaliação a todas as pessoas necessárias de uma forma clara, compreensível e abrangente. A melhoria das competências do prestador de cuidados pode ser obtida através da comunicação e do apoio, de modo a reforçar as suas competências e a ensinar-lhes novas aptidões que irão aumentar a segurança dos doentes. Cuidar dos idosos e ouvir atentamente o que eles dizem sobre si mesmos e suas variadas situações de saúde, especialmente em relação à qualidade de vida e paz de espírito, corpo e alma, são questões essenciais para as pessoas alinhadas com o cuidado dos idosos (Kloppers, Dyk & Pretorius, 2015). A tarefa mais essencial de cuidar deve ter como objetivo trazer satisfação, capacidade de enfrentar desafios e melhorar a relação com o idoso. Também foi identificado que os cuidadores estão sobrecarregados e com stress emocional e físico, conflitos familiares e incerteza sobre os cuidados realizados (Coelho, Faustino & Cruz, 2017). Para um cuidado mais efetivo é importante que os cuidadores tenham o conhecimento sobre o envelhecimento como processo patológico que pode ser reconhecido facilmente. Este conhecimento é extremamente importante para qualquer alteração no cuidado ao idoso (SNS, 2014). Os prestadores de cuidados podem muitas vezes ser responsáveis por ajudar a pessoa idosa com a higiene e os cuidados da pele. Portanto, os cuidadores precisam de ser treinados para realizar esta tarefa de forma correcta e segura (Sdo & Apma, 2016). O conhecimento dos cuidadores em relação à tarefa de cuidar da pele ajudá-los-á a identificar a melhoria do bem-estar físico do idoso. É importante educar os cuidadores sobre como efetuar uma avaliação abrangente da pele que inclua as técnicas para identificar o branqueamento

resposta, calor localizado, edema, alterações na cor e textura da pele e endurecimento(NPUAP/EPUAP/PPPIA, 2014).

Por isso, os cuidadores devem ter conhecimento e compreensão da estrutura e funções da pele (Bernardes & Calirim, 2016). A gestão da integridade da pele e a prevenção de ruturas cutâneas em idosos acamados é um dos pilares que constitui um desafio constante para os cuidadores (Coelho, Faustino & Cruz, 2017).

Eljedi, El-Daharja e Dukhan (2015) realizaram uma pesquisa pré-experimental, prospetiva, pré-teste e pós-teste com uma amostra conveniente de 80 cuidadores de pacientes acamados hospitalizados. O questionário incluiu cuidados com feridas e curativos, nutrição adequada, manutenção da higiene pessoal, treinamento em incontinência e conhecimento sobre úlceras. Foi aplicado o questionário pré-teste, seguido de uma formação educacional de três sessões no espaço de uma semana. O questionário pós-teste foi preenchido após 3 semanas para avaliar a eficácia do programa de ensino.

O resultado deste estudo mostrou uma melhoria significativa no desempenho dos prestadores de cuidados ($P < 0,05$) após o programa de formação.

A revisão da literatura sugere que os idosos têm várias necessidades fisiológicas, psicológicas e sociais. O prestador de cuidados deve compreender o aspeto importante da prestação de cuidados aos idosos acamados. A competência dos prestadores de cuidados é muito importante para melhorar a qualidade de vida dos idosos acamados.

O capítulo seguinte trata da metodologia utilizada no estudo.

CAPÍTULO III

Metodologia

O objetivo do presente estudo é identificar a eficácia de um programa de ensino aos cuidadores familiares sobre cuidados domiciliários a idosos acamados para prevenir úlceras de decúbito entre eles. As úlceras de decúbito são a complicação mais comum entre os pacientes idosos acamados.

Este capítulo centra-se na conceção da investigação deste estudo, no processo de seleção da amostra, nas intervenções e nos instrumentos, no procedimento utilizado para a recolha de dados e nas considerações éticas seguidas ao longo do estudo.

3.1 Conceção da investigação: A conceção do estudo de investigação foi quase-experimental, do tipo pré-teste e pós-teste. Isto indica que os prestadores de cuidados terão um pré-teste relacionado com a palestra que lhes foi dada sobre a prevenção de úlceras de decúbito, incluindo algumas informações sobre úlceras de decúbito e como preveni-las através de cuidados com a pele, posicionamento, cuidados com as costas e massagem, e nutrição. Posteriormente, foi efectuado um pós-teste para identificar se os prestadores de cuidados compreenderam e seguiram a palestra. Isto permite avaliar a eficácia do programa de ensino dos prestadores de cuidados ao domicílio.

3.2 Contexto: O estudo foi realizado no domicílio dos idosos que vivem nas zonas de captação dos centros de saúde primários de Ras Al Khaimah e Julphar, RAK.

O Centro Médico de Ras Al Khaimah (Kuwaiti) atende atualmente a comunidade vizinha que inclui Aldait, Kuzam e Dhan. O centro de saúde primário de Julphar também atende a comunidade vizinha que inclui Julphar, Mamorah, Nakheel, Aljeer, Shaam e Kourkwair. Para além das funções normais dos cuidados de saúde primários, como os cuidados de saúde materno-infantis, os cuidados a adultos, o tratamento de problemas de saúde agudos e crónicos, os cuidados a idosos são uma das funções importantes destes centros. Os centros têm vários departamentos, como o departamento de casos crónicos, que se centra sobretudo na diabetes e na obesidade. É prestada assistência especial aos fumadores crónicos para deixarem de fumar. O departamento de cuidados ao domicílio do centro presta tratamento a pessoas idosas acamadas em casa.

Cada um destes centros tem 80 idosos inscritos nos serviços de cuidados de saúde ao domicílio.

3.3 População: A população do estudo foi constituída por todos os prestadores de cuidados a idosos acamados que satisfaziam os critérios de inclusão, que indicam claramente que prestam cuidados a idosos que não sofrem de escaras, que estão acamados, com mais de 60 anos de idade, do sexo masculino e feminino.

A população era constituída pelos prestadores de cuidados de 160 doentes idosos. Estavam registados para cuidados de saúde ao domicílio 80 pacientes do Ras Al Khaimah Medical Centre (Kuwait) e 80 pacientes do centro de saúde Julphar.

3.4 Amostra

3.4.1 Amostra: os prestadores de cuidados a idosos acamados no âmbito do programa de cuidados ao domicílio do Ras Al Khaimah Medical Centre e do centro de saúde Julphar que preenchiam os critérios de inclusão.

3.4.2 Dimensão da amostra: 50 prestadores de cuidados. Foram seleccionados 30% da população total. Em cada centro, foram seleccionados como amostra cuidadores de 25 doentes idosos acamados.

3.4.3 Técnica de amostragem: A técnica utilizada no estudo de investigação foi a amostragem por conveniência. Esta técnica permite aos participantes decidir livremente se querem ou não participar no estudo, assinando o formulário de consentimento para o efeito e tendo total liberdade para se retirarem do estudo.

3.4.4 Critérios de inclusão:

Os critérios de inclusão do estudo foram os prestadores de cuidados a doentes acamados, de ambos os sexos, com idade superior a 60 anos e que precisavam de ser tratados em casa.

3.4.5 Critérios de exclusão:

Os critérios de exclusão do estudo incluíram: Prestadores de cuidados ao doente acamado com úlceras de decúbito, idosos ambulatórios e capazes de fazer as suas necessidades diárias, idosos que estão sob os cuidados de centros de saúde primários onde existe pessoal médico a cuidar e a tratar do doente idoso acamado e prestadores de cuidados que não compreendem a língua árabe ou inglesa.

3.5 Instrumentação

O estudo utilizou instrumentos que foram construídos pelo autor. A validade e a realiabilidade também foram efectuadas para a utilização deste instrumento.

O estudo incluiu um total de três instrumentos auto-construídos, a saber

1.   Questionário sobre os cuidados prestados aos idosos acamados no domicílio :

Este instrumento continha perguntas em duas secções.

Secção I: Esta secção era composta por duas partes, A e B. A secção 1-A era sobre a informação demográfica dos prestadores de cuidados. Esta secção continha 9 perguntas, tais como a idade, o sexo, a relação com o doente, a língua, as habilitações literárias, a profissão, o rendimento mensal, a nacionalidade e os problemas de saúde.

Section I   - A secção B era dedicada às informações demográficas dos idosos acamados. Esta secção continha 8 perguntas, tais como o sexo, o estado nutricional, o diagnóstico do doente, a alimentação, a ingestão oral, a micção e os movimentos intestinais.

Section II   era a prestação de cuidados a idosos acamados em casa. Esta secção continha 11 perguntas, principalmente sobre a prevenção de úlceras de decúbito em idosos acamados, que incluíam cuidados com a pele, prevenção de escaras, posicionamento, nutrição e exercícios.

2.   Lista de observação da avaliação de risco: : Esta lista de verificação de observações foi elaborada principalmente para os prestadores de cuidados, com 10 observações importantes que os prestadores de cuidados devem identificar e assinalar diariamente para prevenir as escaras nos doentes idosos em casa.

Intervenção:

1.   Plano de ensino de saúde sobre os cuidados a prestar aos idosos no domicílio:

O plano de ensino incluía um plano de aulas e um folheto sobre os cuidados a prestar aos idosos em casa. O conteúdo de ambos os instrumentos incluía principalmente os pormenores dos procedimentos de cuidados, tais como cuidados com a pele, mudança de posição, utilização de dispositivos de conforto, exercícios e nutrição dos doentes idosos.

Validade e Realidade:

A validade do conteúdo dos instrumentos foi efectuada através da análise de quatro peritos da área da enfermagem e da medicina, que aprovaram o instrumento a utilizar. A fiabilidade do instrumento foi efectuada por . O alfa de Cronbach para a fiabilidade foi estimado em 0,81.

A validade e a fiabilidade do instrumento de investigação significam que, para se ter um bom estudo de investigação, as ferramentas devem ser medidas que se pretende medir e devem ter sempre as mesmas medidas quando se utilizam as ferramentas (Mohajan, 2017). Isto pode fazer com que a investigação seja forte na análise dos dados e diminuir o enviesamento.

Pontuação do instrumento:

O questionário sobre os conhecimentos dos prestadores de cuidados domiciliários relacionados com a prevenção de feridas na cama em idosos acamados continha 11 perguntas. Cada pergunta tinha quatro

Sete perguntas (perguntas número 1, 4, 5, 7, 9, 10 e 11) tinham uma resposta correcta, enquanto quatro perguntas (perguntas número 2, 3, 6 e 8) tinham mais do que uma resposta correcta. Foi explicado aos prestadores de cuidados o processo de pontuação e foi-lhes pedido que assinalassem as opções com base nas suas escolhas e conhecimentos. A cada resposta correcta foi atribuída uma marca e à resposta errada foi atribuída uma marca zero. O questionário tinha um total de 15 pontos.

Procedimento de recolha de dados :

O estudo foi realizado no domicílio dos idosos que vivem nas áreas de influência dos centros de saúde primários de Ras Al Khaimah e Julphar, RAK. As equipas de cuidados ao domicílio (HCT) de ambos os centros de saúde primários efectuam visitas ao domicílio para prestar cuidados aos doentes idosos acamados. São atribuídas áreas específicas às HCTs para os cuidados domiciliários aos idosos. O investigador acompanhou as EAC na recolha de dados. Foi elaborado um plano de visitas domiciliárias por área específica e, com base nele, foram visitadas as famílias dos idosos. O investigador visitou cada família duas vezes. A duração entre as duas visitas foi de um mês. Todos os dias foram visitadas 3 a 4 famílias. A primeira visita à família durava uma hora a uma hora e meia.

As primeiras visitas domiciliárias foram iniciadas na área do Centro de Saúde Primário de Ras Al Khaimah a partir de 16/12/2018 e terminaram em 26/12/2019 (9 dias). No total, foram visitadas 25 famílias para a recolha de dados. A primeira visita às famílias do Julphar PHC foi realizada a partir de 27/12/2019. Um total de 25 famílias foram visitadas em 8 dias. Estas visitas terminaram em 7/1/2019.

Durante a primeira visita às famílias de cada doente idoso acamado, o investigador apresentou-se e explicou brevemente o objetivo da visita. Depois de estabelecer uma relação com os prestadores de cuidados e com os doentes, foi-lhes explicado em pormenor o procedimento da investigação e, quando concordaram em participar, foi-lhes pedido que assinassem o formulário de consentimento ou que tirassem a impressão digital do polegar. Os membros da família assinaram os formulários de consentimento no caso de doentes inconscientes ou de doentes que não puderam assinar o formulário de consentimento. Os doentes foram avaliados minuciosamente para detetar eventuais problemas de pele e garantir a ausência de úlceras de decúbito ou dos seus sinais precoces. Foi administrado um pré-teste aos prestadores de cuidados para avaliar os seus conhecimentos sobre os cuidados a prestar aos doentes idosos acamados. Para os prestadores de cuidados analfabetos, o questionário do pré-teste foi explicado e as suas respostas foram assinaladas pelo investigador, o que demorou cerca de 10 minutos. Após o pré-teste, foi dada uma sessão de ensino. Os prestadores de cuidados foram obrigados a sentar-se confortavelmente. Para além de lhes ser explicado o conteúdo sobre os cuidados a prestar aos idosos acamados em casa, também lhes foram mostrados cartões de memória que continham imagens sobre os procedimentos de cuidados a prestar aos idosos acamados no que se refere a cuidados com a pele, mudança de posição, utilização de dispositivos de conforto, exercícios e nutrição. Cada sessão de ensino teve a duração aproximada de 20 minutos. A sessão de ensino foi seguida de demonstrações dos procedimentos sobre cuidados com a pele, mudança de posição, utilização de dispositivos de conforto e exercícios. Estes procedimentos foram diretamente demonstrados nos doentes. Os doentes idosos foram explicados sobre os procedimentos e, com o seu acordo, os procedimentos foram efectuados. As demonstrações duraram mais 20-25 minutos. Pediu-se aos prestadores de cuidados que fizessem uma demonstração de retorno dos procedimentos que lhes tinham sido ensinados. No final das demonstrações de retorno, o investigador reviu os pontos importantes dos cuidados a prestar aos doentes.

Foi explicada aos prestadores de cuidados a importância da avaliação dos riscos, especialmente no que respeita à pele. Para o efeito, foi-lhes entregue a lista de verificação da observação como lista de verificação da avaliação dos riscos. O investigador respondeu a todas as perguntas dos prestadores de cuidados. Os prestadores de cuidados experientes tinham muitas experiências para partilhar. Os prestadores de cuidados foram aconselhados, se necessário, e agradecidos pela sua contribuição para os cuidados prestados aos idosos. Depois disso, o investigador entregou um folheto e uma lista de avaliação de risco que continha cuidados com a pele, mudança de posição, utilização de dispositivos de conforto, exercícios e nutrição dos doentes idosos. A lista de verificação da avaliação de risco para observação da pele foi entregue aos prestadores de cuidados para observação diária e marcação do estado da pele do doente idoso acamado.

No final da visita, os prestadores de cuidados, o doente e os familiares receberam um agradecimento pela sua participação e foram informados da data e hora da próxima visita.

As segundas visitas às famílias foram efectuadas de 10/02/2019 a 03/03/2019, durante 16 dias. Nesta visita, os prestadores de cuidados foram questionados sobre o seu feedback relativamente à realização dos procedimentos ensinados e demonstrados durante a primeira visita. Também foram questionados sobre qualquer dificuldade que enfrentaram na execução desses procedimentos. Foi também questionada a utilidade da lista de verificação de observação da avaliação de risco que lhes foi entregue. O investigador cumprimentou o doente e examinou-o minuciosamente para verificar o estado da sua pele e quaisquer alterações. O pós-teste foi administrado de seguida aos prestadores de cuidados. A segunda visita à família demorou cerca de 30 minutos. Os prestadores de cuidados foram novamente relembrados da importância de efetuar os procedimentos ensinados aos idosos. Também foram informados de que deveriam informar o investigador ou o HCT caso tivessem alguma dificuldade em cuidar dos idosos no futuro. A segunda visita à família terminou com o agradecimento aos cuidadores, ao doente e aos familiares.

Proteção dos sujeitos humanos:

A autorização ética para a realização da investigação foi solicitada a:

1. RAK Medical and Health Science Research Ethical Committee, EAU.
2. Comité de Investigação e Ética do RAK, EAU.
3. Centros de Saúde Primários de Ras Al Khaimah e Julphar, EAU.

Após a aprovação dos três gabinetes acima referidos, foi pedida autorização aos prestadores de cuidados e aos membros da família e, com a sua aprovação, os prestadores de cuidados foram seleccionados como amostra. Pediu-se aos prestadores de cuidados que assinassem ou fizessem a impressão do polegar no formulário de consentimento informado. Os prestadores de cuidados foram informados do seu direito de interromper, se assim o desejassem, o processo de recolha de dados. Também lhes foi assegurada a confidencialidade das informações por eles fornecidas. Este capítulo abordou a metodologia de investigação, a conceção, a população, a dimensão da amostra, a técnica de amostragem, o contexto, o instrumento, o procedimento de recolha de dados e a proteção dos sujeitos humanos. O capítulo seguinte destaca os resultados obtidos a partir dos dados recolhidos, que são analisados utilizando estatísticas descritivas, como a frequência e a percentagem, e estatísticas inferenciais, como o teste do qui-quadrado e o teste t emparelhado.

CAPÍTULO IV

Resultados

O objetivo do presente estudo é avaliar a eficácia do programa de ensino dos prestadores de cuidados domiciliários na prevenção da úlcera de decúbito em idosos acamados.

Este capítulo apresenta os resultados do estudo que foi concebido com o objetivo de ensinar aos familiares prestadores de cuidados os cuidados domiciliários a idosos acamados, de modo a prevenir as úlceras de decúbito. Os dados foram recolhidos através da aplicação de um pré-teste e de um pós-teste aos prestadores de cuidados.

Os dados foram analisados utilizando estatísticas descritivas como a frequência e a percentagem para avaliar as características demográficas dos prestadores de cuidados e dos doentes idosos acamados, a média e o desvio-padrão para avaliar a eficácia do ensino e estatísticas inferenciais como o teste t emparelhado e o teste do Qui-quadrado para verificar a significância entre as variáveis, utilizando o Statistical Package for the Social Sciences (SPSS) versão 22.

4.1 Secção I: Análise das características demográficas dos prestadores de cuidados domiciliários e dos doentes idosos acamados :

4.1.1. . Análise das características demográficas dos prestadores de cuidados domiciliários:

As características demográficas, tais como: idade, sexo, relação com o idoso acamado, língua, nível de instrução, nacionalidade e problemas de saúde enfrentados.

4.1.2. . Análise das características demográficas dos idosos:

As características demográficas, tais como: sexo, diagnóstico médico, estado nutricional, estado de micção e evacuação e comportamentos relacionados com a saúde.

4.2 Secção II: Analisar a eficácia do programa de ensino de cuidadores domiciliários na prevenção da úlcera de decúbito em pacientes idosos acamados.

Esta secção é apresentada em duas subsecções.

4.2.1. Avaliação dos conhecimentos dos prestadores de cuidados: Com base nas pontuações obtidas pelos prestadores de cuidados no pré e pós-teste.

4.2.2. Avaliação pré e pós-teste dos pacientes quanto à presença de úlcera de decúbito.

O pré-teste foi administrado a 50 prestadores de cuidados, enquanto o pós-teste foi administrado a 45 prestadores de cuidados. As perguntas estavam principalmente relacionadas com os cuidados a ter com as costas, a massagem das costas, a mudança de posição dos doentes idosos acamados, o fornecimento de dispositivos de conforto, os exercícios de amplitude de movimentos e a dieta alimentar.

4.3 Secção III: Associação entre a eficácia do programa de ensino sobre a prevenção da úlcera de decúbito em idosos acamados e as variáveis demográficas dos prestadores de cuidados.

Esta secção destaca principalmente a eficácia do programa de ensino sobre a prevenção da úlcera de decúbito em doentes idosos acamados com as variáveis demográficas dos prestadores de cuidados, como a idade, o sexo, os problemas de saúde, o nível de escolaridade, a relação com o idoso e a nacionalidade.

4.1 Secção I: Análise das características demográficas dos prestadores de cuidados e dos doentes idosos acamados:

4.1.1. Análise das características demográficas dos prestadores de cuidados

Esta secção descreve os dados demográficos de 50 prestadores de cuidados de acordo com a sua idade, sexo, nacionalidade, relação com o doente, língua, nível de escolaridade e questões de saúde.

Quadro 4.1.1 : **Características demográficas dos prestadores de cuidados (N=50) :**

Dados dos prestadores de cuidados domiciliários	Frequência	Percentagem %	
Idade			
abaixo de 20	*1*	2 %	
21 - 40	*30*	60 %	
41 - 60	*17*	34 %	
acima de 60	*2*	4 %	
Género			
Feminino	*46*		92 %
Masculino	*4*		8 %
Relação dos prestadores de cuidados com o doente			
Criada	*34*		68 %
Filha/filho	*12*		24%
Mulher	*4*		8%
Língua			
Árabe	*34*		68%
Inglês	13		26%
Nível de educação			
Analfabeto	20		40 %
Primário	5		10%
Preparatório	1		2%
Secundário	6		12%
Universidade	18		36%
Nacionalidade			
Não local	34		74%
local	*16*		32%
Questões de saúde			
Diabetes	6		11.1%
Hipertensão	5		9.3%
Dores de costas	5		9.3%
Asma	1		1.9%
Sem problemas de saúde	37		68.5%

A Tabela 1 mostra que a maioria dos prestadores de cuidados ao domicílio se situava na faixa etária dos 21 aos 40 anos (60%), eram do sexo feminino (92%), não residentes no local (empregadas domésticas) (68%) e falavam árabe (74%). Cerca de 40% dos prestadores de cuidados eram analfabetos e não tinham quaisquer problemas de saúde (68,5%). Cerca de 29,7% dos prestadores de cuidados sofriam de diabetes (11,1%), hipertensão (9,3%) e dores de costas (9,3%).

4.1.2. Análise das características demográficas dos idosos acamados

Esta secção descreve os dados demográficos de 50 pacientes idosos de acordo com o seu sexo, problemas de saúde, estado nutricional, estado urinário e movimentos intestinais.

***Tabela 2*: Análise das características demográficas dos idosos acamados (N=50)**

Dados dos doentes	Frequência	Percentagem
Género		

Feminino	35	70 %
Masculino	15	30 %
Problemas de saúde dos pacientes		
Hipertensão	41	36.6%
Diabetes	24	21.4%
Acidente vascular cerebral	18	16.1%
Colesterol	5	4.5%
Cardíaco	3	2.7%
Asma	1	0.9%
Anemia	1	0.9%
Outros (osteoporose, fracturas da anca), parkinsonismo, gastrite, hipotiroidismo, demência)	19	17%
Estado de alimentação:		
Alimentação		
Oral	42	84 %
Gastrostomia endoscópica percutânea (PEG)	5	10 %
Sonda nasogástrica	3	6 %
Ingestão oral		
Bom	43	86 %
Moderado	7	14 %
Estado da micção		
Incontinência	*35*	70 %
Controlo	*8*	16 %
Cateter	*7*	14 %
Movimento intestinal		
Normal	41	82 %
Prisão de ventre	9	18 %
Problema de comportamento		
Problema de sono	30	55.6%
Gritar	7	13%
Bater	1	1.9%
Nulo	16	29.6%

A tabela 2 mostra que a maioria dos doentes acamados era do sexo feminino (70%), com uma boa ingestão oral (84%), problemas de incontinência (70%) e movimentos intestinais normais (82%). A maioria (74,1%) dos doentes idosos acamados sofria de hipertensão (36,60%), diabetes (21,4%), acidente vascular cerebral (16,1%) e tinha sobretudo problemas de sono (55,60%).

4.2 Secção II: Análise da eficácia do programa de ensino do cuidador domiciliário na prevenção da úlcera de decúbito em idosos acamados.

4.2.1. . Com base nas pontuações obtidas pelos prestadores de cuidados no pré e pós-teste sobre o conhecimento dos prestadores de cuidados relativamente à prevenção de úlceras de decúbito entre os pacientes idosos acamados.

Esta secção descreve os conhecimentos pré e pós-teste dos prestadores de cuidados ao domicílio sobre a prevenção da úlcera de decúbito em idosos acamados, no que se refere a cuidados com as costas e massagem, mudança de posição dos idosos acamados e fornecimento de dispositivos de conforto, exercícios de amplitude de movimentos e dieta. O pré-teste foi aplicado a 50 prestadores de cuidados, enquanto o pós-teste foi aplicado a 45 prestadores de cuidados. Cinco prestadores de cuidados abandonaram o estudo por razões como a hospitalização (três) e a morte (dois) dos doentes.

4.2.2. : Análise dos conhecimentos dos prestadores de cuidados domiciliários sobre as funções da pele

Esta secção descreve os conhecimentos dos prestadores de cuidados domiciliários sobre as funções da pele. Havia quatro opções com apenas uma resposta correcta. As opções eram: proteger o corpo dos germes externos e dos órgãos internos do corpo, dar força muscular e um aspeto bonito, ajudar na digestão dos alimentos e prevenir a obstipação e manter a saúde e o trabalho normais.

Figura 2: *Análise do conhecimento sobre a função da pele*
Pré-teste Pós-teste

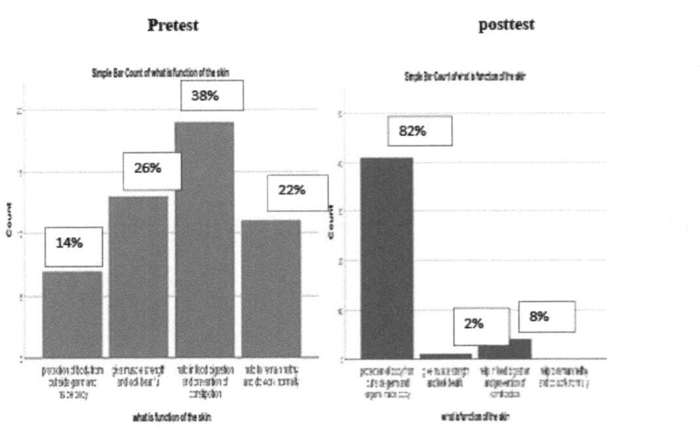

Figura 2: Mostra o conhecimento pré-teste e pós-teste dos prestadores de cuidados domiciliários sobre as funções da pele. No pré-teste, apenas 14% dos prestadores de cuidados deram a resposta correcta, enquanto que no pós-teste 82% dos prestadores de cuidados deram a resposta correcta, uma vez que a função da pele é a proteção do corpo contra os germes exteriores e os órgãos internos do corpo.

4.2.3. : Análise dos conhecimentos dos prestadores de cuidados domiciliários sobre os cuidados a ter com a pele.

Esta secção descreve os conhecimentos dos prestadores de cuidados domiciliários sobre os cuidados a ter com a pele dos idosos. Incluía afirmações como o banho diário com água e sabão, a aplicação de creme hidratante e pó, a limpeza com detergente e cloro e o banho com água quente uma vez por semana.

Figura 3: *Análise dos conhecimentos sobre os cuidados a ter com a pele*
Pré-teste Pós-teste

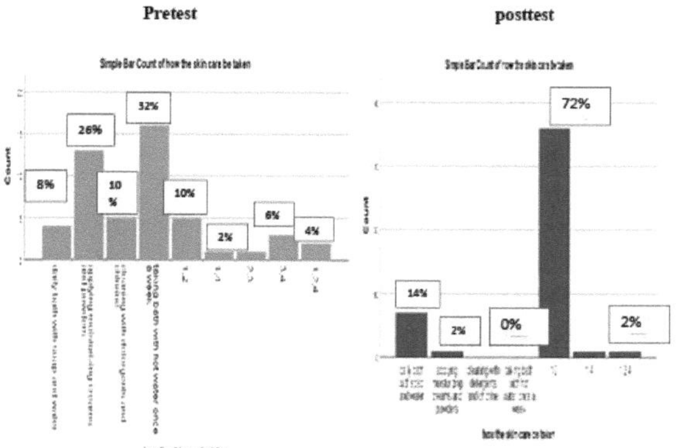

Figura 3: Mostra o conhecimento pré-teste e pós-teste dos prestadores de cuidados domiciliários sobre os cuidados a ter com a pele. No pré-teste, apenas 10% dos prestadores de cuidados deram a resposta correcta, ao passo que no pós-teste 72% dos prestadores de cuidados deram respostas correctas sobre os cuidados a ter com a pele, que incluem o banho diário com água e sabão e a aplicação de cremes hidratantes e pó.

4.2.4. Análise do conhecimento dos prestadores de cuidados domiciliários sobre o estado de acamado que afecta a pele do doente

Esta secção descreve os conhecimentos dos prestadores de cuidados domiciliários sobre os efeitos do estado de acamado sobre a pele do doente, incluindo opções como: a pele estará fresca e saudável sem qualquer efeito, no estado de acamado devido à pressão sobre a pele; o fornecimento de sangue e nervos é afetado, causando a ocorrência de úlceras de pressão, a pele fica húmida, enegrecida e malcheirosa com vermelhidão e a pele fica com excesso de fornecimento de sangue.

Figura 4: *Análise do conhecimento sobre o estado de acamado que afecta a pele do doente*
Pré-teste Pós-teste

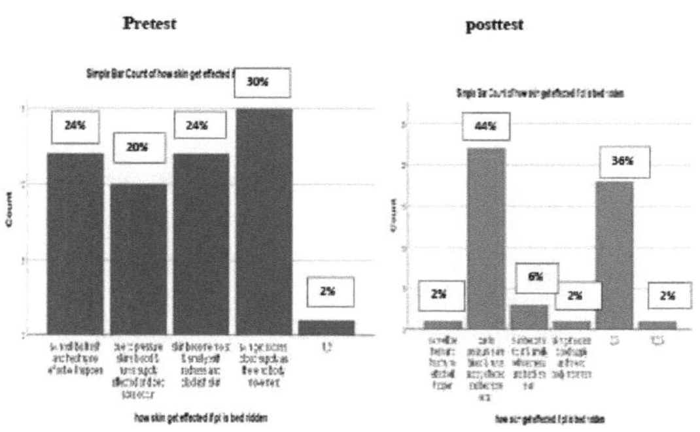

Figura 4: Mostra os conhecimentos dos prestadores de cuidados domiciliários no pré-teste e no pós-teste sobre o efeito do estado de acamado na pele do doente. No pré-teste, apenas 20%

33

dos prestadores de cuidados deram a resposta correcta, ao passo que no pós-teste 44% dos prestadores de cuidados deram a resposta correcta, pois o estado de acamado afecta a pele do doente devido à pressão exercida sobre a pele; o fornecimento de sangue e de nervos é afetado, o que provoca a ocorrência de úlceras de pressão.

4.2.5. Analisar o conhecimento dos prestadores de cuidados domiciliários sobre o significado de escaras.

Esta secção descreve o conhecimento dos prestadores de cuidados ao domicílio sobre o significado de ferida de cama como lesões na pele e nos tecidos subjacentes devido a pressão prolongada sobre a pele, marca de nascença que é vista no corpo do indivíduo, lesões que a pessoa terá ao trabalhar em máquinas e tipo de cama disponível no mercado para idosos.

Figura 5: *Análise do conhecimento dos prestadores de cuidados ao domicílio sobre o significado de escaras?*

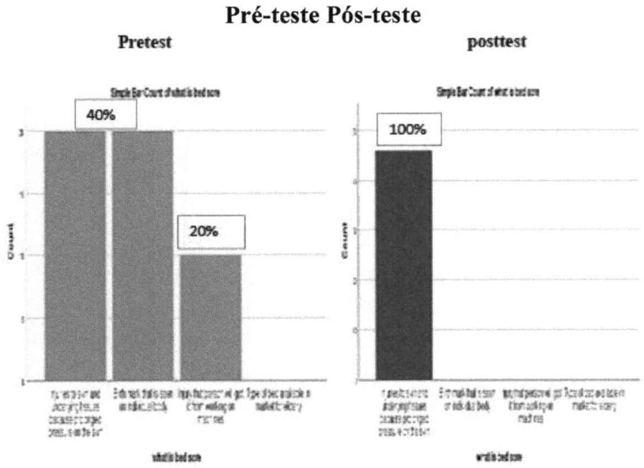

Figura 5: Mostra o conhecimento dos prestadores de cuidados domiciliários, no pré-teste e no pós-teste, sobre o significado de ferida de cama. No pré-teste, apenas 40% dos prestadores de cuidados deram a resposta correcta, ao passo que no pós-teste 100% dos prestadores de cuidados deram a resposta correcta, uma vez que o significado de ferida de cama é a lesão da pele e dos tecidos subjacentes devido a uma pressão prolongada sobre a pele.

4.2.6. Análise do conhecimento dos prestadores de cuidados domiciliários sobre a importância dos cuidados diários com as costas dos idosos

Esta secção descreve o conhecimento dos prestadores de cuidados ao domicílio sobre a importância dos cuidados diários com as costas dos idosos, prevenindo úlceras de pressão e mantendo a pele saudável, prevenindo lesões no coração e nos pulmões e mantendo-os saudáveis, e sobre o tipo de medicamentos a dar aos doentes, que ajudam no processo de digestão e mantêm os idosos saudáveis.

Figura 6: *Análise do conhecimento dos prestadores de cuidados domiciliários sobre a importância dos cuidados diários às costas dos idosos.*

Pré-teste Pós-teste

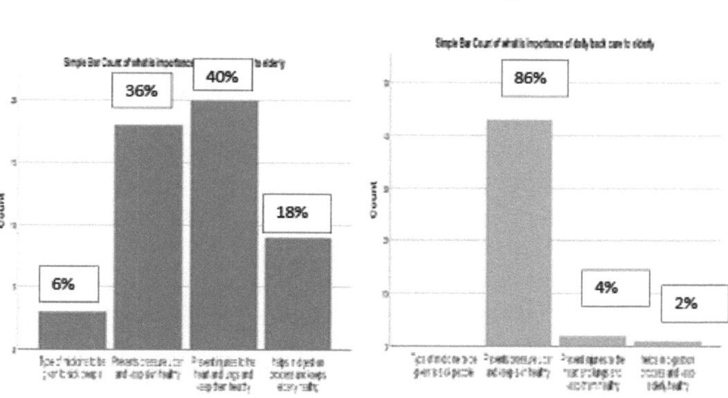

Figura 6: Mostra o conhecimento pré-teste e pós-teste dos prestadores de cuidados domiciliários sobre a importância dos cuidados diários às costas dos idosos. No pré-teste, apenas 36% dos prestadores de cuidados deram uma resposta correcta, enquanto no pós-teste 86% dos prestadores de cuidados deram uma resposta correcta sobre a importância dos cuidados diários com as costas dos idosos para prevenir úlceras de pressão e manter a pele saudável.

4.2.7. Análise do conhecimento dos prestadores de cuidados domiciliários sobre a observação diária da pele dos idosos

Esta secção descreve o conhecimento dos prestadores de cuidados domiciliários sobre a observação diária da pele dos idosos para prevenir a úlcera de decúbito, que inclui: mudança de cor e textura, comichão ou eczema, vermelhidão da pele, laceração, higiene corporal e fracturas.

Figura 7: *Análise do conhecimento dos prestadores de cuidados domiciliários sobre a observação diária da pele dos idosos*

Pré-teste Pós-teste

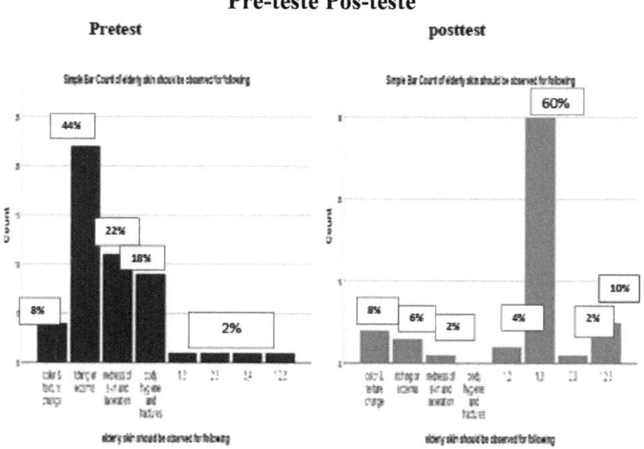

Figura 7: Mostra o conhecimento dos prestadores de cuidados domiciliários, no pré-teste e no pós-teste, sobre a observação diária da pele dos idosos. No pré-teste, apenas 2% dos

prestadores de cuidados deram a resposta correcta, ao passo que no pós-teste (60%) dos prestadores de cuidados deram a resposta correcta, uma vez que a observação da pele deve incluir a mudança de cor e textura, juntamente com a vermelhidão da pele e a laceração.

4.2.8. Analisar o conhecimento dos prestadores de cuidados domiciliários sobre a importância do posicionamento do doente idoso acamado.

Esta secção descreve os conhecimentos dos prestadores de cuidados ao domicílio sobre a importância de posicionar o doente idoso acamado de duas em duas horas para melhorar a circulação e prevenir úlceras de pressão, diminuir a circulação e prevenir ataques cardíacos, prevenir lesões cerebrais e bloqueios arteriais
e manter o peso corporal de um doente idoso acamado.

Figura 8: *Análise do conhecimento dos prestadores de cuidados domiciliários sobre a importância do posicionamento do doente idoso acamado.*

Pré-teste Pós-teste
Pretest   posttest

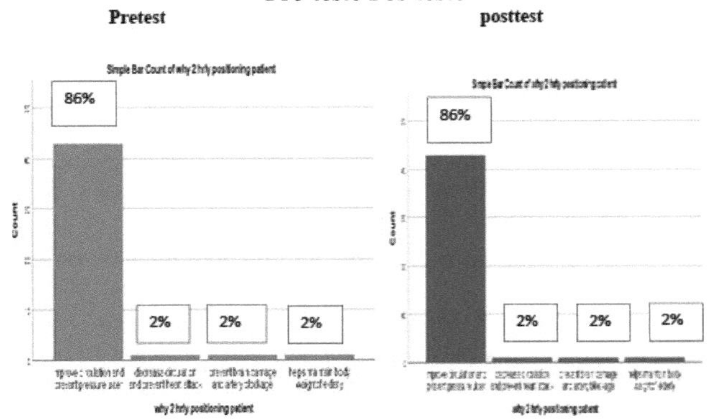

Figura 8: Mostra o conhecimento pré e pós-teste dos prestadores de cuidados domiciliários sobre a importância do posicionamento do doente idoso acamado. 86%) dos prestadores de cuidados domiciliários responderam corretamente no pré e pós-teste à importância do posicionamento do doente idoso acamado para melhorar a circulação e prevenir úlceras de pressão.

4.2.9. Análise dos conhecimentos dos prestadores de cuidados domiciliários sobre as diferentes posições a adotar pelos idosos acamados.

Esta secção descreve os conhecimentos dos prestadores de cuidados domiciliários sobre as diferentes posições a adotar pelos idosos acamados para prevenir a úlcera de decúbito, tais como as posições supina, prona, de pé, lateral e sentada.

Figura 9: *Análise do conhecimento dos prestadores de cuidados domiciliários sobre as diferentes posições a adotar pelos idosos acamados.*

Pré-teste Pós-teste

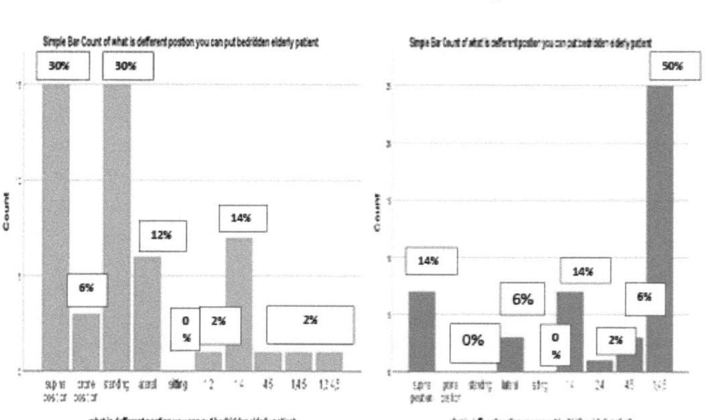

Figura 9: Mostra o conhecimento dos prestadores de cuidados domiciliários, no pré-teste e no pós-teste, sobre as diferentes posições a dar aos doentes idosos acamados. No pré-teste, apenas 2% dos prestadores de cuidados deram uma resposta correcta, enquanto no pós-teste 50% dos prestadores de cuidados deram uma resposta correcta sobre as diferentes posições a dar aos doentes idosos acamados: posição supina, lateral e sentada.

4.2.10. Análise do conhecimento dos prestadores de cuidados domiciliários sobre os tipos de dieta necessários para os idosos acamados.

Esta secção descreve os conhecimentos dos prestadores de cuidados ao domicílio sobre os tipos de dieta necessários para os doentes idosos acamados, como as dietas ricas em gordura, ricas em hidratos de carbono, ricas em proteínas e ricas em açúcar.

Figura 10: *Análise do conhecimento dos prestadores de cuidados domiciliários sobre os tipos de dieta necessários para os idosos acamados*

Pré-teste pós-teste.

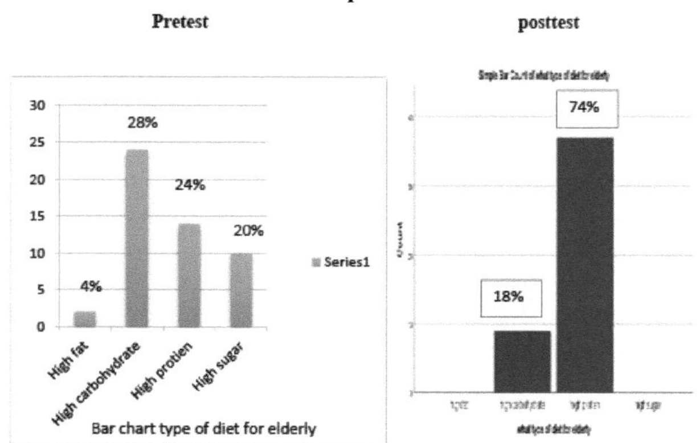

Figura 10: Mostra o conhecimento pré-teste e pós-teste dos prestadores de cuidados domiciliários sobre os tipos de dieta necessários para os doentes idosos acamados. No pré-teste, apenas 24% dos prestadores de cuidados deram a resposta correcta, ao passo que no pós-teste 74% dos prestadores de cuidados deram a resposta correcta, pois os tipos de dieta

necessários para os doentes idosos acamados são ricos em proteínas.

4.2.11. Análise do conhecimento dos prestadores de cuidados domiciliários sobre a importância de uma alimentação saudável para o doente idoso acamado.

Esta secção descreve os conhecimentos dos prestadores de cuidados domiciliários sobre a importância de uma alimentação saudável para os doentes idosos acamados. As opções incluem o aumento do sabor dos alimentos, a manutenção da saúde, o aumento do peso e a minimização do desperdício alimentar.

Figura 11: *Análise do conhecimento dos prestadores de cuidados domiciliários sobre a importância de uma alimentação saudável para o doente idoso acamado.*

Pré-teste Pós-teste

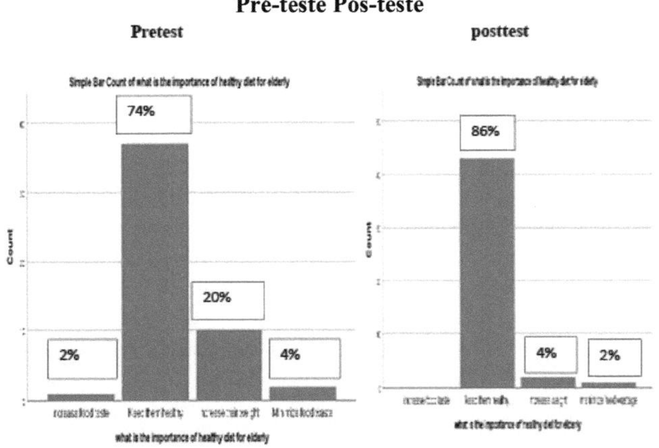

Figura 11: Mostra o conhecimento pré-teste e pós-teste dos prestadores de cuidados domiciliários sobre a importância de uma dieta saudável para o doente idoso acamado. No pré-teste, 74% dos prestadores de cuidados deram a resposta correcta, ao passo que no pós-teste 86% dos prestadores de cuidados deram a resposta correcta quanto à importância de uma alimentação saudável para o doente idoso acamado para o manter saudável.

4.2.12. Análise dos conhecimentos dos prestadores de cuidados domiciliários sobre as precauções a tomar durante a realização de exercícios de amplitude de movimentos (ADM) a doentes idosos acamados.

Esta secção descreve os conhecimentos dos prestadores de cuidados ao domicílio sobre as precauções a tomar durante a realização de exercícios de ADM a idosos acamados, segurando e apoiando a parte do corpo durante o exercício, realizando exercícios vigorosos para todo o corpo uma vez por semana, exercícios a realizar à hora de dormir e exercícios para idosos imediatamente após as refeições.

Figura 12: *Análise dos conhecimentos dos prestadores de cuidados domiciliários sobre as precauções a tomar durante a realização de exercícios de ADM a doentes idosos acamados.*

Pré-teste Pós-teste

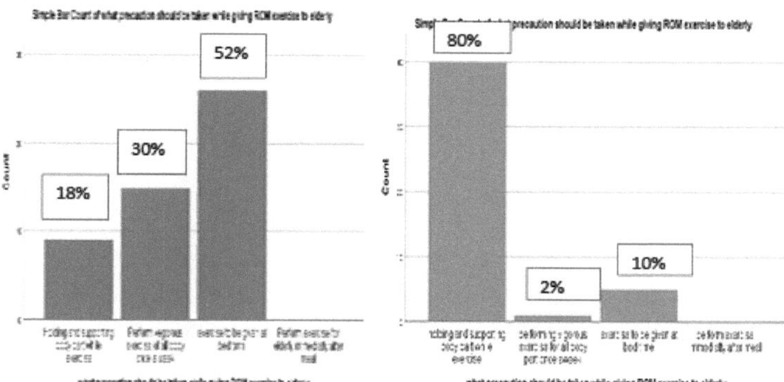

Figura 12: Mostra os conhecimentos dos prestadores de cuidados domiciliários no pré-teste e no pós-teste sobre as precauções que devem ser tomadas durante a realização de exercícios de amplitude de movimentos (ADM) a doentes idosos acamados. No pré-teste, apenas 18% dos prestadores de cuidados deram a resposta correcta, ao passo que no pós-teste 80% dos prestadores de cuidados deram a resposta correcta quanto às precauções que devem ser tomadas durante a realização de exercícios de amplitude de movimento (ADM) a doentes idosos acamados, segurando e apoiando a parte do corpo durante o exercício.

4.2.12: Análise da eficácia do programa de ensino do prestador de cuidados domiciliários na prevenção da úlcera de decúbito em idosos acamados

Esta secção descreve a eficácia do programa de ensino do prestador de cuidados domiciliários na prevenção da úlcera de decúbito em doentes idosos acamados. A eficácia do programa de ensino foi avaliada por dois métodos:

1. Avaliação dos conhecimentos dos prestadores de cuidados: Com base nas pontuações obtidas pelos prestadores de cuidados no pré e pós-teste.

2. Avaliação pré e pós-teste dos pacientes quanto à presença de úlcera de decúbito.

Avaliação dos conhecimentos dos prestadores de cuidados:

As pontuações obtidas pelos prestadores de cuidados no pré e pós-teste foram classificadas em cinco categorias: excelente, com uma pontuação de 90% e superior, muito boa, com uma pontuação entre 89-80%, boa, com uma pontuação de 79-75%, resposta fraca, com uma pontuação de 746-9% e respostas muito fracas, com uma pontuação de 65% e inferior.

Figura 13: *Análise da eficácia do programa de ensino do cuidador domiciliar na prevenção de úlcera de decúbito em idosos acamados: Com base nas pontuações obtidas pelos cuidadores no pré e pós-teste.*

Categorias de notas do pré-teste Categorias de notas do pós-teste

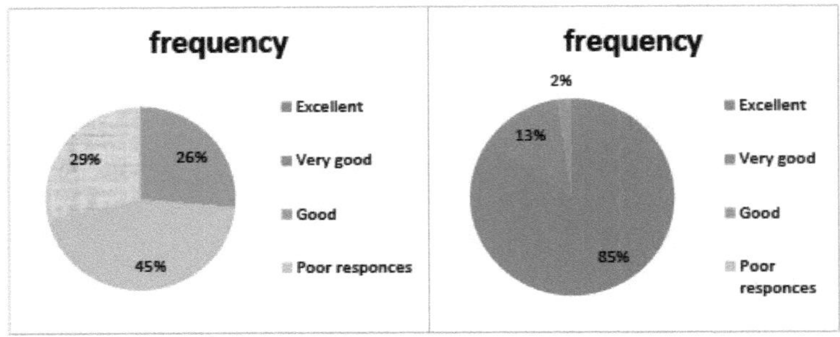

Analisar a eficácia do programa de ensino do cuidador domiciliar na prevenção de úlcera de decúbito em idosos acamados: Com base nas pontuações obtidas pelos cuidadores no pré e pós-teste.

Figura 13: Mostra a classificação no pré-teste e no pós-teste das pontuações obtidas pelos prestadores de cuidados sobre os seus conhecimentos acerca da eficácia do programa de ensino dos prestadores de cuidados no domicílio sobre a prevenção da úlcera de decúbito em doentes idosos acamados. No pré-teste, a pontuação dos conhecimentos dos prestadores de cuidados. No pré-teste, a maioria (74%) dos prestadores de cuidados ao domicílio tinha uma pontuação fraca de 45% e muito fraca de 29%, ao passo que no pós-teste todos os prestadores de cuidados (100%) tinham uma pontuação excelente de 85%, muito boa de 13% e boa de 2%.

4.2.13: Análise da média, desvio padrão e significância da eficácia do programa de ensino do cuidador domiciliar na prevenção de úlcera de decúbito em idosos acamados: Com base nas pontuações obtidas pelos cuidadores no pré e pós-teste.

Esta secção descreve a média, o desvio padrão e o significado da pontuação obtida pelos prestadores de cuidados domiciliários sobre os seus conhecimentos acerca dos cuidados a idosos acamados em casa no pré e pós-teste.

Tabela 3: **Média, desvio padrão e significância (através do teste t emparelhado) da pontuação obtida pelos prestadores de cuidados domiciliários no pré e pós-teste sobre a prevenção da úlcera de decúbito em idosos acamados, através do teste t emparelhado:**

Dados	Média Desvio padrão	Deferência média	teste emparelhado	tP
Pontuação do pré-teste	*9.36*	*3.57*	**9.16**	*0.000*
Pontuação pós-teste	18.51	2.41	*4.47*	

*** p < 0.001

Tabela 3: Mostra que a média e o desvio padrão da pontuação de conhecimentos no pré-teste foram 9,36 e DP 3,575, respetivamente. Por outro lado, a média e o desvio padrão da pontuação de conhecimentos do pós-teste foram 18,51 e DP 2,418.

O resultado mostra que o programa de ensino dos prestadores de cuidados domiciliários sobre a prevenção da úlcera de decúbito nos idosos acamados foi altamente significativo (p=0,000).

4.2.2. Avaliação pré e pós-teste dos pacientes quanto à presença de úlcera de decúbito

A avaliação pré-teste dos doentes foi efectuada no primeiro dia da recolha de dados para garantir a ausência de úlceras de decúbito ou de quaisquer alterações cutâneas. A avaliação pré-teste dos doentes confirmou a inexistência de úlceras de decúbito. Na observação posterior dos doentes, não foram identificadas úlceras de decúbito nos idosos acamados.

4.3 Secção III: Associação entre a eficácia do programa de ensino sobre a prevenção da úlcera de decúbito em idosos acamados e as suas variáveis demográficas.

4.3.1 Associação entre a eficácia do programa de ensino sobre a prevenção da úlcera de decúbito em pacientes idosos acamados e as suas variáveis demográficas relacionadas com a idade, o sexo, a nacionalidade, a língua, a relação com os pacientes, o nível de escolaridade e os problemas de saúde.

Esta secção destaca principalmente a eficácia do programa de ensino sobre a prevenção da úlcera de decúbito em doentes idosos acamados e as variáveis demográficas dos prestadores de cuidados, como a idade, o sexo, a nacionalidade, a língua, a relação com os prestadores de cuidados, o nível de escolaridade e as questões de saúde relacionadas com os valores do chi squire, e é significativa para o estudo.

Tabela 4: **Associação entre a eficácia do programa de ensino sobre prevenção de úlcera de decúbito em idosos acamados e as variáveis demográficas dos cuidadores.**

Variáveis demográficas	Valor(x2)	nível)	Significância (a 0,05
Idade	*6.22*		0.32
Género	*0.93*		0.815
Língua	*0.306*		0.916
Nacionalidade	*2.172*		0.363
Relação com os prestadores de cuidados	*6.869*		0.104
Educação	*10.54*		0.16
Problemas de saúde	*11.75*		0.016

Tabela 4: Mostra que não há associação significativa entre a eficácia do programa de ensino sobre a prevenção da úlcera de decúbito em pacientes idosos acamados variáveis demográficas, exceto problemas de saúde nos mesmos (x2=11,75, p= 0,016).

Este capítulo destaca o resultado do estudo sobre a eficácia do programa de ensino do cuidador domiciliário na prevenção da úlcera de decúbito em doentes idosos acamados. Os resultados indicaram que a maioria dos prestadores de cuidados era analfabeta, tinha entre 21 e 40 anos de idade, era maioritariamente do sexo feminino e não tinha problemas de saúde. O programa de ensino sobre cuidados domiciliários a idosos acamados para prevenir úlceras de decúbito foi eficaz, tal como indicado pela diferença entre as pontuações de conhecimentos no pré-teste e no pós-teste.

O capítulo seguinte destaca a discussão, as conclusões, as implicações e as recomendações do estudo.

CAPÍTULO V
Discussão
5.1. Discussão :
Este estudo foi realizado para avaliar a eficácia do programa de ensino de cuidadores domiciliários na prevenção da úlcera de decúbito em pacientes idosos acamados. Os idosos que sofrem de doenças crónicas enfrentam vários problemas de saúde devido às suas incapacidades físicas, fisiológicas, mentais, emocionais e sociais. Ficam acamados devido a vários problemas de saúde, como a tensão arterial, doenças cardíacas, fracturas, anemia, etc. As úlceras de pressão são as principais complicações que os idosos acamados enfrentam nos cuidados domiciliários. Os idosos acamados são, na sua maioria, tratados em casa por membros da família ou por prestadores de cuidados contratados. O objetivo deste estudo foi ensinar os cuidadores familiares sobre os cuidados domiciliários a prestar aos idosos acamados para prevenir as úlceras de decúbito. Os dados foram recolhidos através da realização de um questionário pré-teste para identificar os conhecimentos dos cuidadores relacionados com a prevenção de úlceras de decúbito em idosos acamados. Após o pré-teste, foi-lhes ministrado um ensino e uma demonstração sobre cuidados com a pele, cuidados com as costas, massagem nas costas, mudança de posição dos idosos, fornecimento de dispositivos de conforto, exercícios de amplitude de movimentos e dieta para os idosos. O pós-teste foi realizado após um mês e consistiu principalmente em avaliar os conhecimentos dos prestadores de cuidados sobre a prevenção de escaras e a avaliação dos idosos acamados para detetar a presença de qualquer úlcera de decúbito na sua pele. Os dados recolhidos foram analisados em termos de estatística descritiva e inferencial utilizando o Statistical Package for the Social Sciences (SPSS) versão 22.

Este capítulo destaca os resultados do estudo com base nos objectivos do estudo, bem como as limitações, as implicações para a profissão de enfermeiro e as recomendações para investigação futura.

As principais conclusões são discutidas com base nos objectivos:

5.1.1 Características demográficas dos prestadores de cuidados:

Esta secção descreve os dados demográficos de 50 prestadores de cuidados de acordo com a sua idade, sexo, nacionalidade, relação com o doente, língua, nível de escolaridade e questões de saúde.

Os resultados mostraram que a maioria dos prestadores de cuidados ao domicílio se situava na faixa etária dos 21 aos 40 anos (60%), eram do sexo feminino (92%), não eram habitantes locais (empregadas domésticas) (68%) e falavam árabe (74%). Cerca de 40% dos prestadores de cuidados eram analfabetos e não tinham quaisquer problemas de saúde (68,5%).

5.1.2 Características demográficas dos idosos acamados.

Esta secção descreve os dados demográficos de 50 pacientes idosos de acordo com o seu sexo, problemas de saúde, estado nutricional, estado urinário e movimentos intestinais.

Os resultados mostraram que a maioria dos idosos acamados era do sexo feminino (70%), com um bom estado nutricional (86%), com ingestão de alimentos por via oral (84%), com problemas de incontinência (70%) e movimentos intestinais normais (82%). A maioria (74,1%) dos idosos acamados sofria de hipertensão (36,60%), diabetes (21,4%), acidente vascular cerebral (16,1%) e tinha sobretudo problemas de sono (55,60%).

5.1.3 Eficácia do programa de ensino de cuidadores domiciliários na prevenção da úlcera de decúbito em pacientes idosos acamados.

A eficácia do programa de ensino foi avaliada através da avaliação dos conhecimentos dos prestadores de cuidados com base nas pontuações obtidas por eles no pré e pós-teste e através da realização de uma avaliação pré e pós-teste dos doentes relativamente à presença de úlcera de decúbito.

Inicialmente, os pacientes foram observados e assegurou-se que não havia alterações cutâneas relacionadas com úlceras de decúbito entre eles. Para avaliar os conhecimentos dos prestadores de cuidados, foi-lhes aplicado um pré-teste e foi-lhes ministrado um ensino sobre os cuidados a ter com os idosos acamados para prevenir a úlcera de decúbito. O questionário do pré e pós-teste continha 11 perguntas. As categorias de pontuação foram: excelente, com pontuação obtida igual ou superior a 90%, muito boa, com pontuação entre 89-80%, boa, com pontuação entre 79-75%, má, com pontuação entre 74-69% e respostas muito más, com pontuação obtida igual ou inferior a 65%. O pré-teste foi efectuado a 50 prestadores de cuidados.

O pré-teste sobre os conhecimentos dos prestadores de cuidados a idosos no domicílio sobre a prevenção de úlceras de decúbito revelou que a maioria (74%) dos prestadores de cuidados a idosos no domicílio tinha uma pontuação fraca (45%) e muito fraca (29%), ao passo que os resultados do pós-teste indicaram que todos os 100% dos prestadores de cuidados tinham pontuações excelentes (85%), muito boas (13%) e boas (2%).

A observação pós-teste dos idosos acamados foi efectuada após um mês, juntamente com o pós-teste dos prestadores de cuidados sobre a prevenção de úlceras de decúbito entre os idosos acamados.

A observação pós-teste do paciente indicou que não havia presença de úlceras de decúbito.

A significância dos conhecimentos sobre a prevenção de úlceras de decúbito entre os doentes idosos acamados no pré e pós-teste foi examinada utilizando o teste t emparelhado. Os resultados mostraram que a média dos conhecimentos foi de 9,36 e o desvio padrão foi de 3,575 no pré-teste. Por outro lado, a média e a pontuação dos conhecimentos no pós-teste foram de 18,51 e o desvio-padrão de 2,418.

o programa de ensino dos prestadores de cuidados domiciliários sobre a prevenção da úlcera de decúbito nos idosos acamados foi altamente significativo (p=0,000).

Achados semelhantes foram identificados por Magdi, Alam, Shebl e Hatata (2017). Eles realizaram um estudo no Mansoura Hospital, Eygpt, em 76 pacientes idosos e 69 cuidadores usando o ensino de vídeo por três semanas. Os resultados do estudo mostraram que o conhecimento pré-teste dos prestadores de cuidados relacionado com os cuidados a idosos para prevenir a úlcera de decúbito era fraco e, após a realização do programa de ensino, o conhecimento dos prestadores de cuidados tinha melhorado muito. Outro estudo realizado por Coelho, Faustino, Cruz e Santos (2017) evidenciou os mesmos achados. Este estudo foi quase experimental sobre os cuidados com a pele do idoso. O estudo envolveu 31 cuidadores como amostras que receberam ensino sobre cuidados com a pele de pacientes idosos acamados, usando métodos de palestra e demonstração. O ensino foi efectuado durante cinco meses. Os resultados do estudo revelaram resultados positivos significativos nos conhecimentos e nas práticas dos prestadores de cuidados sobre os cuidados com a pele dos idosos.

O National Pressure Ulcer Advisory Panel (NPUAP) também identificou achados semelhantes em sua pesquisa sobre o conhecimento dos cuidadores sobre a prevenção de úlceras de pressão em pacientes idosos (NPUAP,2016). Coelho, Faustino, Cruz e Santos,

(2017), identificaram que as respostas do pós-teste foram melhores do que as do pré-teste e o conhecimento dos cuidadores foi melhorado em relação à prevenção da úlcera de decúbito após o ensino. Um estudo realizado por Eljedi, El-Daharja e Dukhan(2015) mostrou que o desempenho dos cuidadores após receberem o programa de educação e treinamento foi significativamente melhor do que antes do programa.

5.1.4 Associação entre a eficácia do programa de ensino sobre a prevenção da úlcera de decúbito em idosos acamados e as variáveis demográficas dos prestadores de cuidados.

No presente estudo, não se verificou qualquer associação entre a eficácia do programa de ensino sobre a prevenção da úlcera de decúbito em doentes idosos acamados e as variáveis demográficas dos prestadores de cuidados, tais como a idade, o sexo, a nacionalidade, a língua, a relação com os prestadores de cuidados, o nível de escolaridade, exceto as questões de saúde dos prestadores de cuidados. *As questões de saúde dos prestadores de cuidados foram altamente significativas ao nível de 0,05 ($x2 = 11,75$, $p=0,016$).*

O European Pressure Ulcer Advisory Panel e o National Pressure Ulcer Advisory Panel (2014) identificaram que a educação superior dos prestadores de cuidados e a sua boa relação com o doente têm uma relação significativa com a eficácia do programa de ensino do que os prestadores de cuidados que têm menos educação e não partilham uma boa relação com os doentes. Kloppers, Dyk e Pretorius (2015) sugeriram que os prestadores de cuidados experientes e com conhecimentos adequados e suficientes para cuidar de doentes idosos acamados têm uma associação mais significativa com a eficácia do ensino. No entanto, o presente estudo não mostra essa associação.

Ronald, et al (2014) sugeriram que as variáveis demográficas, como o sexo feminino, o baixo nível de escolaridade, a depressão, o isolamento social, o stress financeiro, o maior número de horas despendidas na prestação de cuidados e a falta de escolha na prestação de cuidados têm um impacto negativo na prestação de cuidados aos idosos no domicílio.

O presente estudo verificou apenas uma variável demográfica, os problemas de saúde dos prestadores de cuidados, que mostrou uma associação significativa com a eficácia do programa de ensino sobre a prevenção da úlcera de decúbito em doentes idosos acamados.

5.1.5 Hipótese:

As hipóteses do estudo foram:

1- Os prestadores de cuidados que participam num programa de formação sobre os cuidados a prestar aos idosos no domicílio prestam melhores cuidados aos idosos no domicílio.

2- Os prestadores de cuidados educados através de um programa de ensino sobre os cuidados a prestar aos doentes idosos em casa são capazes de prevenir as escaras nos idosos.

Os resultados do estudo indicam que houve uma diferença significativa entre os conhecimentos pré-teste e pós-teste dos prestadores de cuidados sobre a prevenção de úlceras de decúbito em idosos acamados. Por conseguinte, aceita-se a hipótese de que "os prestadores de cuidados que participam num programa educativo sobre cuidados a idosos no domicílio prestam melhores cuidados aos idosos no domicílio".

Do mesmo modo, não foram identificadas escaras nos doentes idosos acamados no domicílio após um mês de ensino aos prestadores de cuidados. Por conseguinte, a hipótese "Os prestadores de cuidados instruídos através de um programa de ensino sobre os cuidados a prestar aos doentes idosos no domicílio são capazes de prevenir escaras entre os idosos" também é aceite.

5.1.6 Força:

O estudo debruçou-se sobre a eficácia do programa de ensino na prevenção da úlcera de decúbito em doentes idosos acamados. Cada vez mais idosos enfrentam problemas de saúde crónicos e permanecem acamados em casa, sob os cuidados de familiares ou prestadores de cuidados. Os familiares e os prestadores de cuidados não são eficientes na prestação de cuidados aos idosos em casa, especialmente na prevenção de úlceras de decúbito. O presente estudo é muito importante, uma vez que se trata de ensinar aos cuidadores os cuidados a ter com os idosos para prevenir as úlceras de decúbito. Os prestadores de cuidados mostraram-se muito entusiasmados com a aprendizagem sobre os cuidados a ter com os idosos e a prevenção das úlceras de decúbito nos mesmos. Também apreciaram e cooperaram com o investigador durante o período de estudo. Fizeram muitas perguntas relacionadas com o tema e participaram na prestação de cuidados aos idosos. O material didático preparado e as demonstrações apresentadas ajudaram os prestadores de cuidados a aprender as competências. Consideraram que a lista de controlo de observação que lhes foi entregue para observarem a pele dos idosos foi muito útil.

5.1.8 Limitação:

A dimensão da amostra foi de 50 prestadores de cuidados a idosos acamados que participaram no pré-teste. No entanto, no pós-teste apenas foram incluídos 45 prestadores de cuidados domiciliários a doentes idosos devido à hospitalização de três doentes e à morte de dois doentes. Assim, a taxa de atrito do estudo foi de 10 %.

Os resultados do estudo não podem ser generalizados devido às seguintes razões:

1. O estudo foi realizado apenas em duas localidades, Ras Al Khaimah e Julphar Primary Health Centers em Ras Al Khaimah.

2. O estudo foi quasiexperimental e os dados foram recolhidos apenas durante 17 dias.

3. A dimensão da amostra foi limitada a 50.

5.2. Conclusão

Os resultados do estudo mostraram que o ensino aos prestadores de cuidados sobre a prevenção de úlceras de decúbito em doentes idosos acamados foi muito eficaz. Isto foi indicado pelo facto de os doentes não desenvolverem úlceras de decúbito ou quaisquer alterações cutâneas relacionadas com as mesmas. A análise das pontuações de conhecimentos no pré e pós-teste também mostrou uma diferença significativa. No pós-teste, os prestadores de cuidados obtiveram maioritariamente pontuações excelentes, ao passo que no pré-teste as suas pontuações foram sobretudo fracas e muito fracas. No entanto, o estudo também revela que não houve uma associação significativa entre a eficácia do programa de ensino sobre a prevenção de úlceras de decúbito e as variáveis demográficas dos prestadores de cuidados, como a idade, o sexo, a nacionalidade, a língua, a relação com os prestadores de cuidados e o nível de escolaridade, exceto no que se refere a questões de saúde. Observou-se que os prestadores de cuidados que foram submetidos a um programa de ensino sobre cuidados a doentes idosos em casa na prevenção de úlceras de decúbito foram capazes de prestar melhores cuidados aos idosos e não foram identificadas úlceras de decúbito em idosos acamados, mesmo após um mês.

5.3. Implicações para a enfermagem:

5.3.1 Implicações no ensino da enfermagem:

A enfermagem geriátrica deve ser um curso específico incorporado no currículo de graduação e pós-graduação, com ênfase específica nos cuidados a idosos acamados em casa no curso de enfermagem de saúde comunitária. As competências de aprendizagem dos estudantes nos hospitais e na comunidade devem incluir o ensino da saúde e demonstrações de cuidados aos idosos aos membros da família e aos prestadores de cuidados.

5.3.2 Implicações nos serviços de enfermagem:

Os enfermeiros que trabalham nos centros de saúde devem educar adequadamente os familiares e os prestadores de cuidados dos doentes idosos acamados sobre os seus cuidados, especialmente para prevenir as úlceras de decúbito. As complicações das úlceras de decúbito podem causar problemas graves aos doentes acamados com outros problemas médicos, especialmente diabetes, que atrasam o processo de cicatrização e afectam todos os órgãos do corpo humano.

Os programas especiais de desenvolvimento do pessoal devem ser planeados para que os enfermeiros melhorem as suas competências como demonstradores, educadores e conselheiros no ensino e na monitorização dos cuidados prestados aos idosos pelos prestadores de cuidados no domicílio.

5.3.3 Implicações na administração de enfermagem:

Há uma grande necessidade de estabelecer políticas e procedimentos específicos de cuidados aos idosos nos hospitais, centros de saúde e no domicílio. Deve existir um grupo de trabalho multidisciplinar com formação para prestar e monitorizar os cuidados aos idosos no domicílio. Devem ser organizados programas de formação regulares e seminários para os familiares e prestadores de cuidados aos idosos acamados no domicílio sobre os seus cuidados, especialmente na prevenção de complicações. Deveria haver uma dotação orçamental definida para este fim em cada centro de saúde.

A administração deve preparar material didático e de leitura específico sobre saúde, como brochuras, para os prestadores de cuidados a doentes idosos acamados. Os prestadores de cuidados devem também receber apresentações em vídeo sobre os cuidados a prestar aos idosos acamados em casa, incluindo cuidados com cateteres, alimentação por sonda nasogástrica, injecções subcutâneas, higiene das mãos, cuidados com as costas e massagens nas costas, etc.

5.4. Recomendação:

As pessoas idosas acamadas enfrentam o maior risco de úlceras de decúbito. Com base neste estudo, sugerem-se as seguintes recomendações:

1. Devem ser designados enfermeiros especificamente qualificados para a prestação de cuidados, o ensino e a demonstração de cuidados aos familiares e aos prestadores de cuidados ao domicílio.

2. Os enfermeiros devem monitorizar regularmente a eficiência dos prestadores de cuidados aos doentes idosos, especialmente na realização de avaliações de risco para a pele.

3. Os prestadores de cuidados a idosos acamados devem ter experiência na prestação de cuidados a idosos. Os prestadores de cuidados inexperientes devem ser amplamente treinados e monitorizados até atingirem os níveis de competência esperados nos cuidados aos idosos.

4. Um estudo semelhante pode ser realizado com uma amostra maior, envolvendo grupos de controlo e experimentais de prestadores de cuidados.

5. Poderá ser efectuado um estudo alargado que envolva os sete Emirados para ensinar e avaliar a eficácia do programa de ensino sobre a prevenção de úlceras de decúbito nos idosos acamados

6. Poderiam ser realizados seminários a nível dos centros de saúde primários sobre cuidados

domiciliários a doentes idosos acamados.

7. Devem ser efectuados estudos de avaliação regulares para avaliar os cuidados prestados aos idosos acamados no domicílio.

Referências

Alidoust,S., Holden,G.,Bosman,C.(2014). Ambiente urbano e saúde social dos idosos: uma discussão crítica sobre ambientes físicos, sociais e políticos, *Athens Journal of Health,* 1(3), 169-180. recuperado de: https://doi.org/10.30958/ajh.1-3- 1doi=10.30958/ajh.1-3

Alzheimer Europa. (2018) Improving continence care for people with dementia living at home (Melhorar os cuidados de continência para pessoas com demência que vivem em casa), recuperado de:
https://www.alzheimereurope.org/content/download/79312/491695/file/Final%20version %20of%20the%20continence%20care%20report.pdf

Bails,A.(2012). Teoria de Watsons sobre o cuidado humano: fundação do programa de enfermagem, Nebraska Methodist College, Omaha, recuperado de :
https://blog.methodistcollege.edu/bid/159688/watson-s-theory-of-human-caring- foundation-of-nursing-program

Balamurugan,J. (2016). Condições socioeconómicas dos idosos: uma revisão, *International Revista de Investigação de Ciências Sociais, EUA.* 6(3), recuperado de: https://www.researchgate.net/publication/298378488

Bernardes,R., Calirim,M. (2016). Prevalência de úlcera por pressão em hospitais de emergência: estudo transversal, *revista online brasil de enfermagem*, Brazile.15(2), 236-244.

CIA World (2017).Perfil demográfico dos Emirados Árabes Unidos. Obtido em: https://www.indexmundi.com/united arab emirates/demographics profile.html

Coelho,N., Faustino,A., Cruz,A., Santos,C. (2017). Conhecimento dos cuidadores sobre lesões cutâneas em idosos, *Rev Fund Care Online.* 9(1), 247-252. DOI: http://dx.doi.org/10.9789/2175-5361.2017.v9i1.247-252

Cowdell,F., Jadotte, T., Ersser,J., Danby, S.,Walton, S., Lawton, S., Roberts, A., Gardiner, E., Ware,F.,Cork, M.(2016). Intervenções de higiene e emolientes para manter
skin integrity in older people in hospital and residential care settings, n.º 12.
DOI: 10.1002/14651858.CD011377.

Dorner,B.(2015). Directrizes nutricionais para a prevenção e tratamento de úlceras de pressão: *Apresentando as Diretrizes Internacionais NPUAP/EPUAP/PPPIA 2014,* Becky Dorner & Associates, EUA.

Dziechciaz,M.,Filip,R.(2014). Determinantes biológicos, psicológicos e sociais da velhice: Aspectos bio-psico-sociais do envelhecimento humano, Anais de Medicina Agrícola e Ambiental, 21(4): 835-838. doi: 10.5604/12321966.1129943.

Eldergym(nd).12 Best Leg Exercises For Seniors And The Elderly, recuperado de: https://eldergym.com/leg-exercises/

Eljedi,E., El-Daharja,T., Dukhan,N.(2015). Efeito de um programa educativo na prevenção e gestão de úlceras de pressão de um cuidador familiar em pacientes acamados após a alta hospitalar na Palestina, *International Journal of Medical Science and Public Health,* Palastine. 4(5)

Ford,S.(2012). Saúde da pele Manter a saúde da pele em pessoas idosas. recuperado de: https://www.nursingtimes.net/roles/older-people-nurses/maintaining-skin-health-in- older-people/5052416.article

Quatro exercícios eficazes para pacientes acamados (2015, JUN 25.). Autor. Retirado de: https://advancedtissue.com/2015/06/4-effective-exercises-for-bedridden-patients/

Fraser,B.(2017). Envelhecimento da pele e a importância da avaliação da integridade da pele, *tempos de saúde*. Obtido em: https://healthtimes.com.au/hub/aged-care/2/practice/bf1/aging-skin- and-the-importance-of-skin-integrity-assessment/2/

Geraghty,J.(2011). Introduzindo um novo regime de cuidados com a pele para o paciente incontinente, *British journal of nursing*, 20(7).

Heath authoruty abu dhabi(2012). communicable disease bulletin, 3(4) retrieved from: https://www.haad.ae/HAAD/LmkClick.aspx?fileticket=NR4IhJoy5Bo%3D&tabid=1177

He,W., Goodkind,D. Kowal,P. (2015). An Aging World, *International Population Reports*, Washington, EUA. 16(1) 95-165.

Information for Nursing Care Homes (2018).Maintaining skin integrity and preventing pressure ulcers ,Sutton homes of care ,version 1.

Jocelyn,C.,Thiara,E., Lopez,V., Shorey,S.(2017).Frequência de viragem em doentes adultos acamados para prevenir úlceras de pressão adquiridas no hospital: A scoping review, *International Wound Journal* - DOI: 10.1111/iwj.12855

Kirkup,M. (2014). Os desafios da pele do idoso, *British dermatological nursing*, British, 13(4)

Kloppers, J., van Dyk, A.Pretorius, L. (2015). As Experiências dos idosos e cuidadores em relação ao cuidado dos idosos em windhoek e rehoboth namíbia: um estudo exploratório e descritivo. *Open Journal of Nursing*, **5**, 246-259. http://dx.doi.org/10.4236/ojn.2015.53029

Koller,K.,Price,S.(2015). Nutrição para a prevenção e tratamento de úlceras de pressão Universidade de Michigan, Universidade de Michigan, EUA.

Krakow,G.(2015).five exercises for bedbound seniors. recuperado de:
https://www.homecareassistanceeldoradoco.com/bed-bound-exercises-seniors/

Lawton,S.(nd). Addressing the skin care needs of the older person, *British journal of community nursing*, British.12(5)

Lord,J.(2014). The Ageing process and healthy ageing (O processo de envelhecimento e o envelhecimento saudável), Birmingham Policy Commission, British.

Magdi,F., Alam,R., Shebl,A., Hatata,E.(2017). Impacto do filme de vídeo educacional para enfermeiros que cuidam de idosos que sofrem de úlcera de pressão sobre a aplicação de curativo de sorbact cutimed na cicatrização de feridas, *revista internacional de didática de enfermagem*, 7 (7).

Manamon, R., (2013). Nutrição e feridas de pressão no idoso, CPD. Retrieved from :
https://www.nutrition2me.com/images/free-view-articles/free- downloads/pressure sores re-print no ad.pdf

Miyazaki,M., Caliri,M., Santos,C.(2010). Conhecimento sobre prevenção de úlcera por pressão entre profissionais de enfermagem, *Revista Latino-Americana de Enfermagem*, 18(6)1203- ll

Mohajan, H.K. (2017). Dois critérios para boas medições na investigação: Validade e fiabilidade . *Anais da Universidade Spiru Haret. Série Económica*, 17(4), pp.59-82. doi:https://doi.org/10.26458/1746.

Painel Consultivo Nacional das Úlceras de Pressão, (2014). Prevenção e tratamento de úlceras de pressão: guia de referência rápida, *Painel Consultivo Europeu de Úlceras de Pressão e Pan Pacific*
Pressure Injury Alliance ,USA, Autor.

Painel Consultivo Nacional das Úlceras de Pressão,(2016). Práticas preventivas de úlceras de pressão no ambiente hospitalar agudo - uma revisão da literatura, *BSc General Nursing journal* , Retrieved: from www.npuap.orgon

NHS,(2012).Posição da academia de nutrição e dietética:alimentação e nutrição para adultos mais velhos: promover a saúde e o bem-estar, *Journal Of The Academy Of Nutrition And Dietetics,*
112(8) 2212-2672 doi: 10.1016/j.jand.2012.06.015

NHS,(2014).Como prevenir as úlceras de pressão: Informação para doentes, famílias e prestadores de cuidados,Versão 1

Nordqvist,C.,(2017). Escaras de cama ou escaras de pressão: What you need to know, medical news today,USA.

NPUAP/EPUAP/PPPIA, (2014) Prevention and treatment of pressure ulcers: quick reference guide, *European Pressure Ulcer Advisory Panel e Pan Pacific*
Pressure Injury Alliance ,USA, Autor.

Ozan,Y., Okumu§,H., Lash,A.,(2015). Implementation of watson's theory of human caring: a case study, *International Journal of Caring Sciences*, USA, 8(1), Retrieved from: www.intemationaljoumalofcaringsciences.org

Parker, M., smith, M.,(2010). teorias de enfermagem e prática de enfermagem, 3ªᵈ edição, Davis plus, EUA.

Posthauer,M., Banks,M., Dorner,B., Schols,J.,(2015). O papel da nutrição no tratamento das úlceras por pressão: Painel Consultivo Nacional para as Úlceras de Pressão, Painel Consultivo Europeu para as Úlceras de Pressão e Livro Branco da Pan Pacific Pressure Injury Alliance ,Wolters Kluwer Health, EUA.28(4)

Ramazan,S., Griffiths,J.(2017).Experiência dos prestadores de cuidados após fratura da anca em doentes idosos: reforçar a prestação de cuidados de enfermagem integrados , *5th Annual Worldwide Nursing Conference*, Reino Unido ISSN 2315-4330 doi: 10.5176/2315-4330_WNC17.28.

Randall,S.(2017). Osteoporosis A Fact sheet from women's health, *National Institute of Arthritis and Musculoskeletal and Skin Diseases National Osteoporosis Foundation*,USA.

Dicionário oxford ilustrado revisto e atualizado 187000 definições e entradas 4500 ilustração,
(2015)UK , DK.

Ronald, D.,Adelman, M., Lyubov,L., Tmanova, D., Delgado,D. Dion,S., Mark, S., Lachs, M. (2014). Cuidados com o paciente idoso: da evidência à ação carga do cuidador uma revisão clínica, *American Medical Association*, EUA. 311(10) .

Sdo, M., Apma, S.(2016). Prevenção de feridas por pressão: Conhecimento dos cuidadores formais de idosos Institucionalizados, *revista de enfermagem* , 1981-8963.

Shiel,W.(2018). Definição médica de úlcera de decúbito, Medicine Net midterms dicionário médico a-z lista.

Silva,G.,Peixoto,L.,Souza,D.,Santos,A., Aguiar,A.(2018).Repercussões das doenças crônicas na saúde mental de idosos, *Revista Enfermagem UFPE online*, 12(11):2923-32, recuperado de: https://doi.org/10.5205/1981-8963-v12i11a234540p2923-2932-

Sublime Enfermagem (2019). Cuidados com o idoso. https://sublimehomecare.com/en/elderly-care. Acedido em 12/10/2019.

Tripathi, K., Singh, Y., Dubey, S., Seven, T. (2016). Nutrição Geriátrica: Necessidade de melhor
Envelhecimento. *South Asian Journal of Food Technology and Environment,* 2(3&4): 432437.

Viera,C., Oliveira,E., Ribeiro,M., Luz, M., Araujo, O. (2016). Ações preventivas em úlceras de pressão realizadas por enfermeiros na atenção primária, *journal of research fundamental care online*,8(2) 4447-4459.

Centro Médico Wexner (2016). Preventing pressure sore, Centro Médico Waxner da Universidade do Estado de Ohio, EUA.

OMS (2015). perfil de saúde dos Emirados Árabes Unidos, autor. Retirado de:
https://www.who.int/countries/are/en/

Cicatrização de feridas(2015). Quatro exercícios eficazes para pacientes acamados, *Journal of Advanced Tissue,* recuperado de:
https://advancedtissue.com/2015/06/4-effective-exercises-for-bedridden-patients/

Zamboni,V., Ferrini,A.,Cesari,M.(2014). O processo de envelhecimento e potenciais intervenções para

prolongar a esperança de vida Matteo Tosato, EUA.2(3) 401-412

More Books!

yes

I want morebooks!

Buy your books fast and straightforward online - at one of world's fastest growing online book stores! Environmentally sound due to Print-on-Demand technologies.

Buy your books online at
www.morebooks.shop

Compre os seus livros mais rápido e diretamente na internet, em uma das livrarias on-line com o maior crescimento no mundo! Produção que protege o meio ambiente através das tecnologias de impressão sob demanda.

Compre os seus livros on-line em
www.morebooks.shop

info@omniscriptum.com
www.omniscriptum.com

OMNIScriptum

MIX
Papier aus verantwortungsvollen Quellen
Paper from responsible sources
FSC® C105338

Printed by Books on Demand GmbH, Norderstedt / Germany